农作物育种态势研究丛书

Landscape of Soybean Molecular Breeding
Based on Global Patent and Literature Analysis

全球大豆分子育种技术发展态势研究

杨小薇　孔令博　邱丽娟　李英慧　王晶静　聂迎利
吾际舟　赵慧敏　关荣霞　郭　勇　谷勇哲　著

电子工业出版社
Publishing House of Electronics Industry
北京·BEIJING

内容简介

本书以德温特创新索引（Derwent Innovation Index，DII）数据库为数据源，全面收集了全球涉及大豆分子育种的相关专利，系统分析了大豆分子育种领域专利的申请特征，比较分析了大豆分子育种领域专利申请的焦点和技术发展路线，深入阐述了大豆分子育种关键技术的专利演变规律，对大豆分子育种领域各类产业主体的竞争力进行了对比剖析，对该领域的新兴技术进行了遴选和预测，并选取大豆分子育种领域的热点研究专题进行了态势分析。

本书无论对大豆领域的专业科研工作者还是相关从业人员，甚至涉农相关行业人员，都具有较高的学习与参考价值；对于未来大豆遗传育种、大豆基础研究及大豆产业发展的方向具有重要的指导意义。

本书适合政府科技管理部门、科研机构管理者及相关学科领域的研究人员阅读参考。

未经许可，不得以任何方式复制或抄袭本书之部分或全部内容。
版权所有，侵权必究。

图书在版编目（CIP）数据

全球大豆分子育种技术发展态势研究 / 杨小薇等著. —北京：电子工业出版社，2021.1
（农作物育种态势研究丛书）
ISBN 978-7-121-39709-7

Ⅰ. ①全… Ⅱ. ①杨… Ⅲ. ①大豆-遗传育种-专利-研究-世界 Ⅳ. ①S565.103.2-18

中国版本图书馆CIP数据核字（2020）第189451号

责任编辑：徐蔷薇
印　　刷：北京天宇星印刷厂
装　　订：北京天宇星印刷厂
出版发行：电子工业出版社
　　　　　北京市海淀区万寿路173信箱　　邮编：100036
开　　本：720×1000　1/16　印张：16.25　字数：260千字
版　　次：2021年1月第1版
印　　次：2021年1月第1次印刷
定　　价：139.00元

凡所购买电子工业出版社图书有缺损问题，请向购买书店调换。若书店售缺，请与本社发行部联系，联系及邮购电话：（010）88254888，88258888。
质量投诉请发邮件至 zlts@phei.com.cn，盗版侵权举报请发邮件至 dbqq@phei.com.cn。
本书咨询联系方式：xuqw@phei.com.cn。

目 录

第1章 研究概况 / 1

1.1 研究背景 / 1
1.1.1 大豆产业在中国经济发展中的重要地位 / 1
1.1.2 大豆育种在大豆产业中的基础性作用 / 5
1.1.3 全球大豆分子育种研究进展 / 7
1.1.4 中国大豆分子育种研究进展 / 12

1.2 研究的目的与意义 / 16
1.2.1 专利在农业领域的作用 / 16
1.2.2 中国大豆产业发展中存在的专利问题 / 17
1.2.3 本研究的意义 / 18

1.3 技术分解 / 19

1.4 相关说明 / 21
1.4.1 数据来源与分析工具 / 21
1.4.2 术语解释 / 22
1.4.3 其他说明 / 22

第2章 大豆分子育种全球专利态势分析 / 23

2.1 全球专利数量年代趋势 / 23

2.2 全球专利地域分布 / 26
2.2.1 全球专利来源国家/地区分析 / 26
2.2.2 全球专利受理国家/地区分析 / 29

2.2.3　全球专利技术流向 / 30
　　2.2.4　全球专利同族和引用 / 31
2.3　全球专利技术分析 / 32
　　2.3.1　全球专利技术分布 / 32
　　2.3.2　全球专利主题聚类 / 37
2.4　主要产业主体分析 / 43
　　2.4.1　主要产业主体的专利数量年代趋势 / 45
　　2.4.2　主要产业主体的专利布局 / 50
　　2.4.3　主要产业主体的专利技术分析 / 52
　　2.4.4　孟山都公司大豆分子育种专利核心技术发展路线 / 56
2.5　关键应用领域/技术领域分析 / 72
　　2.5.1　抗除草剂 / 72
　　2.5.2　优质 / 78
　　2.5.3　分子标记辅助选择育种 / 84

第3章　大豆分子育种中国专利态势分析 / 93

3.1　中国专利数量年代趋势 / 93
3.2　中国专利布局分析 / 95
3.3　中国专利技术分析 / 96
3.4　中国专利主要产业主体分析 / 100
　　3.4.1　主要产业主体的专利数量年代趋势 / 100
　　3.4.2　主要产业主体的专利技术分析 / 103
　　3.4.3　中国农业科学院作物科学研究所大豆分子育种专利核心技术发展路线 / 107

第4章　大豆分子育种全球技术研发竞争力分析 / 135

4.1　全球主要国家/地区技术研发竞争力对比分析 / 135
　　4.1.1　全球大豆分子育种专利数量及年代趋势 / 135

4.1.2　主要国家/地区专利授权与保护 / 139

　　4.1.3　主要国家/地区的专利布局 / 140

　　4.1.4　主要来源国家/地区专利质量对比 / 144

4.2　主要产业主体技术研发竞争力对比分析 / 144

　　4.2.1　主要产业主体专利数量及年代趋势 / 144

　　4.2.2　主要产业主体的授权与保护 / 148

　　4.2.3　主要产业主体的专利运营情况 / 149

　　4.2.4　主要产业主体的专利质量对比 / 150

4.3　2009—2018年大豆分子育种高质量专利对比分析 / 151

第5章　新兴主题预测 / 155

5.1　方法论 / 155

5.2　新兴主题遴选 / 155

5.3　新兴主题来源国家/地区分布 / 158

5.4　新兴主题主要产业主体分析 / 160

第6章　大豆分子育种热点主题态势分析 / 163

6.1　全基因组关联分析 / 163

　　6.1.1　论文产出分析 / 164

　　6.1.2　主要发文机构分析 / 165

　　6.1.3　高质量论文分析 / 166

　　6.1.4　研究热点分析 / 171

6.2　基因编辑 / 173

　　6.2.1　论文产出分析 / 173

　　6.2.2　主要发文国家/地区分析 / 174

　　6.2.3　主要发文机构分析 / 180

　　6.2.4　学科类型及期刊分析 / 182

6.3　表型组学态势分析 / 185

6.3.1　论文产出分析 / 186
　　　6.3.2　主要发文机构分析 / 188
　　　6.3.3　高被引论文分析 / 191
　　　6.3.4　研究热点分析 / 192
　6.4　大豆固氮态势分析 / 194
　　　6.4.1　论文产出分析 / 196
　　　6.4.2　主要发文机构分析 / 199
　　　6.4.3　技术分类 / 201
　　　6.4.4　高被引论文 / 206
　6.5　抗病大豆育种 / 209
　　　6.5.1　论文产出分析 / 209
　　　6.5.2　主要发文国家/地区 / 211
　　　6.5.3　主要发文机构分析 / 212
　　　6.5.4　大豆病害种类及育种技术 / 217
　　　6.5.5　高被引论文 / 223
　　　6.5.6　研究热点分析 / 225
　6.6　优质大豆育种 / 228
　　　6.6.1　论文产出分析 / 228
　　　6.6.2　主要发文国家/地区 / 230
　　　6.6.3　主要发文机构分析 / 234
　　　6.6.4　优质大豆种类及育种技术 / 235
　　　6.6.5　高被引论文 / 240
　　　6.6.6　研究热点分析 / 245

参考文献 / 247

第1章 研究概况

1.1 研究背景

1.1.1 大豆产业在中国经济发展中的重要地位

大豆起源于中国,是中国重要的油料和高蛋白粮食饲料兼用作物,种植面积仅次于水稻、玉米和小麦,居第四位[1]。大豆富含优质食用油脂、优质植物蛋白和多种对人体有益的生理活性物质,在国际农产品贸易中占有重要的地位。

大豆在中国食物生产和消费系统中一直扮演着非常重要的角色,为中国出口创汇做出了重大贡献,大豆及其产品已成为不可替代的保障物资。历史上,作为起源地,中国曾经是大豆最大的生产国和出口国,但随着人民生活水平的提高,中国大豆消费量快速增长,国产大豆自给率严重不足。中国大豆总产自20世纪50年代初期的世界第一位,滑坡到现在的世界第四位,同时也由大豆第一出口国变成第一进口国。由于国际农业资本对国内大豆市场的争夺愈演愈烈,中国大豆产业面临严重危机。

为此,认真分析中国大豆产业现状,了解全球大豆产业发展态势和前沿进展,采取有效措施振兴大豆产业,对于确保国家粮油食品安全,满足中国日益增长的大豆消费需要,促进经济社会又好又快发展的意义重大。

1.1.1.1　中国大豆产业发展现状

20世纪50年代初期大豆曾是中国的主要农业产业之一，自1961年以来，中国大豆产业发展缓慢。1961—1977年，中国大豆总产量基本维持在750万吨左右；1978年以后由于家庭联产承包责任制的推行，中国大豆总产量由1978年的761.08万吨增长到2004年的1740.18万吨；2004—2015年，中国大豆种植面积不断减少，降至645万公顷；2016—2018年，中国大豆种植面积略微上升，2018年大豆种植面积为845.1万公顷，单产为1.893吨/公顷，总产量为1599.77万吨，占世界大豆总产量的4.2%。中国大豆单产总体上呈现增长趋势，但和世界平均单产水平2.846吨/公顷相比仍存在着很大的差距。而中国每年消耗大豆约9810万吨（国家粮油信息中心提供的数据），不足的部分主要通过进口补足。中国由原来的大豆净出口国变成净进口国。表1.1为2012—2018年中国和全球大豆产业数据统计，联合国粮农组织（Food and Agriculture Organization，FAO）的数据显示，2017年和2018年中国大豆进口量分别为9410万吨和8800万吨，分别占全球大豆贸易量的61%和58%，成为全球第一大大豆进口国。大豆贸易逆差的不断扩大使得大量外资涌入国内，逐渐控制了中国大豆产业链上下游，使得中国大豆产业竞争力显著降低，甚至失去了国内大豆的市场定价权，严重干扰了中国大豆种植业和加工业的发展，中国大豆产业面临着过分依赖进口的危机。

1.1.1.2　中国大豆产业存在问题

多年来，中国大豆生产一直停滞不前，大豆产业从第一出口国逐渐演变成为第一进口国，大豆产业面临着依赖进口的危机。目前中国大豆种植业发展存在很多问题，情况不容乐观。首先，为了保

表 1.1　2012—2018 年中国和全球大豆产业数据统计[2]

	年份	面积（百万公顷）	出口（百万吨）	进口（百万吨）	单产（吨/公顷）
中国	2018	8.45	0.10	88.00	1.89
	2017	7.78	0.20	94.10	1.96
	2016	7.20	0.20	93.50	1.89
	2015	6.45	0.15	83.23	1.92
	2014	6.59	0.20	78.35	1.84
	2013	6.79	0.33	70.36	1.76
	2012	7.17	0.28	59.87	1.82
全球	2018	127.01	151.54	151.54	2.85
	2017	124.50	153.64	153.67	2.75
	2016	120.85	147.57	147.66	2.91
	2015	121.49	134.41	133.59	2.61
	2014	119.62	127.25	125.81	2.69
	2013	114.88	114.79	113.75	2.49
	2012	110.14	99.89	98.95	2.46

*数据来源于FAO官方统计。

证主粮供应不受影响，1961—2016 年中国大豆种植面积总体呈下降趋势[1]，在一定程度上限制了国内大豆总产量的提高及国内大豆市场的供给；其次，大豆种质创新方面的科研力量不足，导致目前国内大豆单产远远低于世界大豆单产水平，仅为世界平均单产的 2/3 左右，有很大的提升空间。基于上述原因，国内大豆产量无法满足国民日益增长的需求，导致进口大豆数量泛滥，损害了豆农收益，降低了豆农积极性，大豆种植面积继续缩小，形成了一个恶性循环。进口大豆数量激增导致国内大豆生产呈现由全国分散生产向东北和黄淮海地区局部萎缩的局面，多地农民因种大豆收益得不到保障，决定改种其他收益较高的作物。中国大豆种植业的下滑，影响着国民的食物结构和身体健康,更影响着国内粮食安全和国民经济的健康发展。

1.1.1.3　中国大豆产业发展措施

面对中国大豆产业发展的严峻现实,中央政府采取了一系列应急措施。2004年,原农业部在黑龙江省、吉林省、辽宁省和内蒙古自治区的5个县、市、农场实施了大豆科技提升行动项目,核心示范区及辐射区大豆单产相比其他地区大幅增加,项目还重点推广了合丰41等8个高油高产大豆新品种和先进实用的综合配套栽培技术[3];2008年,国家发展改革委出台了《关于促进大豆加工业健康发展的指导意见》[4],旨在保障大豆产业安全;2015年,原农业部下发了《关于促进大豆生产发展的指导意见》[5],突出强调中国国内对大豆的强烈需求,提出"扩大面积、提高单产、提高单产、提高效益"4个目标任务,在政策引导下,自2016年起中国大豆种植面积得到逐步回升;2019年1月颁布的中央一号文件,提出"实施大豆振兴计划,多途径扩大种植面积"[6];2019年3月15日,农业农村部制定了《2019年种植业工作要点》[7],明确提出提升大豆和油料供给能力:落实加强油料生产保障供给的意见,组织实施大豆振兴计划,推进大豆良种增产增效行动,进一步提高大豆补贴标准,扩大东北、黄淮海地区大豆面积,研发推广高产高油高蛋白新品种。大力发展长江流域油菜生产,推进新品种、新技术示范推广和全程机械化。扩大黄淮海地区花生种植。力争全年大豆和油料面积增加500万亩以上。

大豆产业育种方面主张通过品质育种攻关,坚持传统育种与转基因育种相结合的方针,走品种特点单独选育的路子,注重多样化、专用化的高产大豆、高油脂大豆、高蛋白质大豆、高异黄酮大豆、抗除草剂转基因大豆、高抗性逆转基因大豆等大豆品种的选育。

1.1.2 大豆育种在大豆产业中的基础性作用

大豆是重要的植物蛋白质和食用油脂来源。中国每年都有自主选育品种,但仍需大量进口转基因大豆,首要原因是中国大豆品种产量低,单产水平低于世界平均水平;其次是中国大豆品种的含油量普遍比进口大豆低,加工相对效益也较低,缺乏市场竞争力[8]。目前,由于中国的耕地有限且呈不断减少的趋势,仅依靠种植面积的扩大来增加产量的可能性很小,故只有在提高单产水平上努力。传统育种方法在提高大豆产量、改善品质、增强抗性等方面具有选择效率低和育种周期长等缺点,迫切需要大豆育种技术的升级换代。随着基因组测序的全面完成,在分子水平上对大豆进行遗传操作的育种时代已经到来[9]。

大豆育种的重要目标是高产、稳产,目前国内外主要通过系统选育、杂交育种、辐射育种、化学诱变育种、分子育种等方法来进行大豆育种。20世纪90年代中期以前,大豆育种基本采用系统选育、杂交育种等传统育种手段,而20世纪90年代后期以来,分子育种越来越广泛地用于大豆品质改良。加快大豆分子设计育种创新体系建设,引领大豆育种实现跨越式发展,是赶超国外大豆生产的重要途径。

1.1.2.1 大豆分子标记育种

分子标记辅助选择育种是现代分子生物学与传统遗传育种的结合点,借助分子标记可以对育种材料从DNA水平上进行准确、稳定的选择,从而加速育种进程,提升育种效率,高效地提高作物产量并改良品质和抗性等综合性状,已逐渐成为育种家普遍使用的"常规"技术手段。目前,分子标记育种已广泛用于农作物、园艺作物及经济作物的育种中,成功培育了许多具有改良性状的水稻、小麦、玉米、大豆、高粱、油菜、白菜、番茄、黄瓜、甘蓝等作物新品种（系）。在大豆分子育种领域，该技术使以表型选择为主的传统育种转变为对基因型的直接、准确、高效选择，如全球抗除草剂转基因大豆的迅猛发展就是"一个基因可以改变一个产业"的典型范例，显示了分子育种的巨大威力。

1.1.2.2　大豆转基因育种

大豆遗传转化不仅是鉴定基因功能的重要手段，也是培育大豆新品种的重要途径之一。转基因技术通过分子生物学手段将目的基因导入受体材料基因组，并能在后代中稳定遗传，同时赋予其新的农艺性状，如抗虫、抗病、抗逆、高产、优质等。中国大豆转基因所用的方法包括花粉管通道法、农杆菌介导法、基因枪法、PEG法等，其中前两种方法应用较多，后两种方法应用较少[10]。国外转基因大豆产业化引领了世界转基因作物的快速发展。最成功的例子是美国孟山都公司利用基因枪轰击方法将编码5-烯醇-丙酮酸莽草酸-磷酸合成酶基因转入大豆，培育出Roundup Ready抗草甘膦除草剂转基因大豆并实现大面积产业化。

1.1.2.3　大豆基因编辑育种

基因编辑是近年出现的新兴技术，以CRISPR/Cas9为代表的基因编辑主要是对控制特定性状的基因序列做调整或改动（如删除或添加），从而实现精准、高效、省时、省力的遗传改良。目前基因编辑已成功应用在主要农作物水稻、玉米、大豆、小麦和马铃薯等上。基因编辑在大豆育种领域为解析大豆基因功能和分子机理提供了重要工具，该技术育种的实现有赖于遗传转化技术的应用，因此，建立高效、稳定的大豆遗传转化体系是大豆基因编辑技术得以规模化应用的前提。2015年，Cai[11]等首次实现利用CRISPR创制大豆突变体。目前，CRISPR/Cas9 基因编辑技术在大豆子叶节遗传转化、毛状根遗传转化、创制大豆超结瘤突变体及创建大豆早期开花种质中均得到较好应用[12-14]。

1.1.2.4　大豆品种分子设计育种

分子设计育种将分子标记育种和转基因育种及常规育种技术进行整合，充分发挥不同技术的优势，通过预先设计，来实现培育聚集大量有利基因、基因组配合理、基因互作网络协调、基因组结构最为优化的突破性新品种的终极目标。作物品种分子设计育种是作物分子育种的理想，它可以实现从传统的经验育种到定向、高效的精确育种的转化。大豆基因组学、生物信息学等方面的研究积累，以及上面阐述的大豆分子标记辅助育种和转基因育种的成果，为大豆品种分子设计育种的尝试创造了条件。目前主要研究方向包括大豆结构基因组、大豆功能基因组、大豆生物信息数据库及计算机模拟育种[8]。

1.1.3　全球大豆分子育种研究进展

国际大豆分子育种的发展目标在于克服传统育种方法选择效率低、选择周期长等缺点，利用现代高效分子辅助技术准确、高效地进行基因型选择。特别是 2008 年，大豆基因组测序的完成，标志着大豆分子育种进入了一个新的时代，分子育种也成为全球大豆产业发展的推动力，以及农业大国种业竞争的核心竞争力。近年来，全球大豆分子辅助育种领域的发展包括：遗传信息数据库中数据的飞速增长，新型分子标记的开发及应用，生物信息学技术在作物遗传育种领域的应用，基因和数量性状基因（Quantitative trait locus，QTL）的精细定位等。分子标记辅助选择、转基因技术、分子设计育种在大豆遗传育种领域仍占有重要地位。

1.1.3.1 分子标记育种

1. 大豆遗传图谱的构建

构建饱和遗传图谱是进行分子育种的重要基础,随着分子生物技术的不断进步,提高标记密度、加强图谱之间的整合成为遗传连锁图谱研究的主要趋势[15]。1988年,N. R. Apuya等在大豆中运用限制片段长度多态性(Restriction Fragment Length Polymorphism,RFLP)作为遗传标记构建了全球第一个大豆遗传图谱。1990年,Keim[16]等利用栽培大豆和野生大豆杂交的F2分离群体构建了首个含有150个RFLP标记的连锁图谱。随着随机扩增多态性DNA标记(Random Amplified Polymorphic DNA,RAPD)、简单重复序列(Simple Sequence Repeat,SSR)的出现,遗传图谱的密度得到了大幅提高,实现了对数量性状位点(Quantitative Trait Locus,QTL)的精确定位,成为大豆分子育种的有力工具。特别是第三代分子标记单核苷酸多态性标记(Single Nucleotide Polymorphism,SNP)的出现,因其具有多态性丰富、遗传稳定、密度高、分布平均、可实现自动化等特点,被公认为是最有潜力的分子标记,Hyten等[17]选择了1536个SNP标记构建了一个高密度、高通量的大豆数量性状遗传图谱;Song Q J等[18]对大豆DNA序列进行了分析,鉴定SNPs并开发包含50000多个SNP的芯片——Illumina Infinium BeadChip,与大豆全基因组比对并经筛选后选择52041个SNP用于生成SoySNP50K iSelect BeadChip,该芯片被认为或可成为描述大豆遗传多样性,连锁不平衡并购建高分辨率遗传图谱的有力工具[19]。

2. 大豆重要性状基因定位的研究

大豆主要农艺性状如产量、品质、抗病、抗虫、抗非生物胁迫性状的基因定位研究一直以来备受育种家关注。产量性状是复杂的数量性状之一,也是品种改良的重要的农艺性状。Palomequ L等[20]

利用加拿大和中国高产品种的重组自交系群体对农艺性状和产量性状进行 QTL 检测，发现 Satt100、Satt277、Satt162 和 Satt126 定位的 4 个 QTL 与产量性状相关；Kim 等[21]分别以 Elgin 和 Williams 82 作为轮回亲本，识别与产量和其他主要性状相关的 QTL。在大豆品质方面，Gonzalez 等[22]在以 Essex 和 PI437654 为亲本的重组自交系群体，用不同的遗传模型在不同环境下定位与大豆异黄酮相关的 QTL，共检测到 26 个主效 QTL；Seo 等采用单核苷酸多态性的 180K SoyaSNP 阵列构建遗传图谱，鉴定了 1570 个 SNP，研究鉴定了种子蛋白质的 12 个 QTL、种子油浓度的 11 个 QTL 和两个性状的 4 个 QTL。在抗病方面，针对抗大豆胞囊线虫病基因的筛选取得了代表性成果，最初的研究认为，大豆胞囊线虫病的抗性是由隐性基因 Rhg1、Rhg2、Rhg3[23]及显性基因 Rhg4、Rhg5[24,25]决定的，随着分子标记技术的发展，越来越多的 QTL 实验结果显示 Rhg1 和 Rhg4 基因对大豆胞囊线虫抗性的贡献最大[26]，对这两个区域的分子标记进行鉴定有助于筛选抗性大豆品系[27,28]。在抗逆性状方面，耐盐碱[29]、耐旱[30,31]、耐高温、耐寒[32]等相关基因已被鉴别和分离，并应用至大豆分子育种中。

3. 大豆分子标记辅助选择

作为现代作物遗传改良的重要技术之一，分子标记辅助选择技术利用与目标基因紧密连锁的分子标记，在杂交后代中结合基因型与表现型鉴定进行辅助选择育种。国际上对大豆重要性状分子标记的应用做了大量的探索研究，如产量、耐盐、抗疫霉病、抗胞囊线虫病、抗南部根结线虫、抗花叶病毒、抗褐茎腐病、抗黑星病、抗白粉病、抗虫等[15]。

基于连锁不平衡的全基因组关联分析（Genome Wide Association Study，GWAS）已成为推动大豆分子标记发展的重要手段之一。

GWAS是将基因组中数以百万计的SNP为遗传标记,将获得的基因型与表型进行群体水平的统计学分析,筛选出最有可能影响该性状的遗传标记,挖掘与性状变异相关的基因,以该技术为途径进行分子标记辅助选择育种,可以提高农艺性状、抗逆性状变异位点的挖掘效率,提供育种的优质材料。Vuong T D 等[33]利用SoySNP50K iSelect BeadChip生成45000余个SNP用于分析,通过GWAS确定了60个分布在不同染色体中与大豆胞囊线虫抗性显著相关的SNP;Hwang E Y 等[34]运用GWAS鉴定大豆种子中与蛋白质和油含量相关的QTL,显著提高了基因筛选的效率和准确度。

1.1.3.2 转基因育种

2019年8月,国际农业生物技术产业应用服务中心(ISAAA)发布了2018年全球生物技术/转基因作物商业化发展态势研究报告[35]。2018年,全球转基因作物种植面积达1.917亿公顷,共有26个国家种植了转基因作物,44个国家进口转基因作物。转基因大豆的种植面积仍位居转基因作物之首,达9590万公顷,比2017年增长了2%,占全球转基因作物种植面积的一半。五大转基因作物种植国转基因大豆种植面积分别为:美国3408万公顷,巴西3486万公顷,阿根廷1800万公顷,加拿大240万公顷,印度未种植转基因大豆。在应用性状方面,耐除草剂仍为转基因大豆的主要性状,孟山都公司耐除草剂大豆GTS40-3-2在28个国家/地区及欧盟28国(包含英国)获得57个批文,耐除草剂大豆MON89788在25个国家/地区及欧盟28国获得45个批文,拜耳作物科学耐除草剂大豆A2704-12在24个国家/地区及欧盟28国获得45个批文,复合抗虫性状大豆的种植面积有所增加。

国际上特别是美国对转基因大豆的研究比较深入,特别是大型的跨国企业,研发与产业化的速度较快,已建立了较为成熟的基因转化技术体系。目前，大豆转基因大多采用农杆菌介导法、基因枪法对子叶节、胚轴和体细胞进行遗传转化。自孟山都公司利用基因枪轰击方法将编码 5- 烯醇 - 丙酮酸莽草酸 - 磷酸合成酶（EPSPS）基因转入大豆，培育出 Roundup Ready 抗草甘膦除草剂转基因大豆并于 1996 年大面积产业化以来，广大学者在大豆抗除草剂、蛋白及氨基酸组分改良、油分改良、抗病、抗虫、抗逆及性状叠加等方面做了大量研究和探索。例如，陶氏化学聚合草丁膦乙酰转移酶基因（PAT 基因）、抗草甘膦基因 CP4-EPSPS 和芳氧基链烷酸酯加双氧酶基因（AAD-12）3 个基因，推出抗草铵膦、抗草甘膦、抗 2,4-D 3 种除草剂的转基因大豆品种 DAS68416×MON89788[36]；Rao 等[37]将 SLC1 基因转入大豆细胞中，培育高脂肪酸含量的大豆植株；孟山都公司研发的转基因大豆品种 MON87701×MON89788，将抗虫基因 Cry1Ac 与 CP4-EPSPS 叠加，在同一品种中同时实现有效防治鳞翅目昆虫和杂草的目的；Furutani 等[38]通过基因枪法，将大豆花叶病毒（SMV）减毒分离株的外壳蛋白（CP）基因和潮霉素乙酰转移酶（hpt）基因转入大豆植株，通过转 CP 基因获得抗大豆花叶病的大豆品种。

1.1.3.3 分子设计育种

分子设计育种是一个将育种性状基因信息的规模化挖掘、遗传材料基因型的高通量化鉴定、亲本选配和后代选择的科学化的高度综合工程。随着越来越多的优质基因被发掘，大豆转基因育种的不断发展，以及大豆全基因组测序完成，大豆功能基因组学的研究取得长足发展，为大豆分子设计育种的发展提供了优质的基因基础，大豆分子设计育种成为大豆遗传改良的必然趋势。

2003 年，荷兰科学家 Peleman 等[39]首次明确提出设计育种的概念，其核心内容主要为确定不同位点基因间及基因与环境间的相互关系；根据育种目标确定满足不同生态条件、不同育种需求的目标基因型；设计有效的育种方案、开展设计育种。Boote 等建立了 CROPGRO 大豆模型，Mercau 等对该模型进行了优化，精确地模拟了产量、生物量和收获指数等参数，但该研究距离品种分子设计还相差很远。以基因（E 位点）为基础的模型来模拟大豆的发育与产量，结合了分子数据与田间试验数据，比单纯的田间试验前进了一步，但还远不能满足根据各位点的分子数据设计基因型的要求。Boehm 等[40]将高蛋白品种"harovinton"与缺乏 7Sα′、11S A_1、11S A_2、11S A_3 和 11S A_4 亚基的育种系 sq97-0263_3-1a 杂交，建立了一个 F2 定位群体和一个 F5 RIL 群体。利用 SDS-PAGE 分析了 F2 和 F5 群体中每个个体的存储蛋白组成。基于亚单位的存在/缺失，在 F2 植物中形成基因组 DNA 以识别控制 7Sα′ 和 11S 蛋白亚单位的基因组区域。利用 Illumina Soynp50K 等选择 Beadchips 为靶基因区的群体间的多态性单核苷酸多态性，设计并绘制导致亚单位缺失的 QTL。在 3 号染色体（11SA_1）、10 号染色体（7sα′ 和 11SA_4）和 13 号染色体（11SA_3）上鉴定出大豆储藏蛋白 QTL，并在 F5 RIL 群体中进行了验证。

1.1.4 中国大豆分子育种研究进展

据统计，中国自 20 世纪 20 年代以来，已经通过常规育种方法培育了近 1500 个大豆品种，在保障中国大豆消费需求等方面起到了重要作用。但近年来，随着中国对大豆消费需求的不断增加，大豆生产总量无法满足国内需求，导致大豆进口量不断攀升。中国大豆产业面临严峻挑战，究其原因主要在于：在生产方面，中国大豆单产水平低于世界平均水平；在品质方面，中国大豆品种含油量低，缺乏市场竞争力。纵观国际大豆分子育种的发展，要克服传统育种方法选择效率低、选择周期长等缺点,就必须利用现代高效分子辅助技术将传统的表型选择育种向准确、高效的基因型选择的分子育种转变。

1.1.4.1 分子标记育种

1. 大豆遗传图谱的构建

虽然中国的首个大豆分子遗传图谱产出比国外晚10年,而且标记数目和密度与国外报道的相比差距还很大,但经过多年研究,中国科学家在大豆遗传图谱构建方面取得了重要进展。自张德水等[41]先用栽培大豆"长农4号"×半野生大豆"新民6号"组合的F2群体构建了以RFP标记为主的大豆分子连锁图谱以来,科研工作者应用不同群体和标记开展了大量图谱构建的研究。周斌等[42]在前期研究的基础上获得一张含有553个遗传标记,25个连锁群,总长2071.6cM①,平均图距3.70cM的新遗传连锁图谱,利用加密图谱对农艺性状进行QTL重定位,与原图谱相比新定位的各QTL的标记区间明显缩短,与相邻标记的连锁更加紧密。Liu等[43]测量了来自"Nandou 12"和"九月黄"杂交的F6:7-8重组自交系,研究发现在20个连锁群中发现6366个SNP标记覆盖整个大豆基因组,跨越2818.67cM,相邻标记之间的平均间隔为0.44cM。

2. 大豆重要性状基因定位的研究

近年来,研究人员已检测出多个与大豆产量有关的QTL并标记和定位了一批重要性状基因,产量相关性状如种子大小、茎强度、光周期、花旗、雄性不育等,其他品质性状如硬脂酸、脂肪酸、酸棕榈酸及耐冷、耐旱、耐盐碱、耐倒伏等耐逆性状[15]。Liang等[44]用Jindou23和Huibuzhi杂交获得F13代重组自交系群

---

① cM表示厘摩尔。

体，获得了6个异黄酮相关QTL分布于J、N、D2和G连锁群。南京农业大学Karikari等[45]评估了来自Linhe青豆和Meng8206品种杂交的104个品系的重组自交系群体，以鉴定主要的上位效应QTL及它们与环境的相互作用，共发现44个蛋白质和含油量的主效QTL分布于17条染色体上，首次鉴定出15个新的QTL。

3. 大豆分子标记辅助选择

目前，中国对重要形状的分子标记辅助选择的报道集中在大豆油分含量、大豆花叶病毒（SMV）抗性、胞囊线虫病抗性等。中国农业科学院作物科学研究所邱丽娟课题组以"鲁豆4号"回交转育的大豆种子脂氧酶缺失株系为材料，探索了大豆SSR标记辅助背景选择时的适宜标记数目和选择方式，研究表明先用少数标记初筛，选出遗传背景回复率高的材料，再用适宜标记鉴定，随着世代递增，已恢复为轮回亲本的标记位点不再分析，逐代减少选择标记数目，可加速培育目的性状近等基因系[46]。Zeng等[47]利用高异黄酮含量"中豆27"与低异黄酮含量的"九农20"杂交获得的F5:7代重组自交系群体对大豆种子异黄酮含量进行QTL分析，发现有Satt144和Satt540定位的位点QDZF-1和QGCM-1来自高异黄酮亲本"中豆27"，对异黄酮合成积累起到了促进作用，可用于高异黄酮品种的分子标记辅助育种。

1.1.4.2 转基因育种

目前，中国尚未批准转基因大豆品种进行商业化种植，关于转基因大豆的报道多见于研究领域。20世纪80年代初，王连铮研究员和邵启全研究员等开展的大豆遗传转化研究开创了中国大豆转基因研究的历史。中国转基因大豆的研究绝大多数处于对转基因植株进行筛选、监测和鉴定阶段。杨海英、虞薇、张洁等通过对农杆菌介导大豆胚尖遗传转化效率影响的研究，系统优化了大豆的成熟胚芽尖转化体系，提高了目的基因转化效率，为转基因育种奠定了基础。近年来，国内学者在大豆品质性状基因如油脂含量相关基因、抗虫基因、抗病相关基因、耐逆相关基因的遗传转化方面做了大量研究。

1.1.4.3 分子设计育种

近些年，中国科学家在作物分子设计育种的研究理论和实践中，都取得了重要进展。万建民、钱前等作物科学家对分子设计育种的研究理论做了系统论述，认为分子设计育种通过将分子标记育种、转基因技术等多种技术进行集成和整合，对育种过程中的诸多因素进行模拟、筛选、优化，提出最适合的复合育种目标的基因型，以及实现亲本选配和后代选择策略，一次性提高作物育种的效率和准确度，实现从"经验育种"到"精确育种"的转化[48]。

通过中国科学院战略性先导科技专项（A类）"分子模块设计育种创新体系"的实施，已经鉴定到若干高产、优质分子模块，解析了部分重要农艺性状的模块耦合效应，创制了一批大豆优异种质材料。中国科学院遗传与发育生物学研究所田志喜研究团队，成功培育了多个高产、优质的初级模块大豆新品种，初步建立了大豆分子模块设计育种体系[49]，深入解析了大豆84个农艺性状间的遗传调控网络，并对809份大豆栽培材料的84个产量和品质性状进行了连续多年多点的观测，发现不同性状间呈现不同程度的相关性，该研究为大豆的分子设计育种提供了重要的理论基础，对于提高大豆的品质和产量具有非常重要的意义。

1.2 研究的目的与意义

1.2.1 专利在农业领域的作用

专利是世界上最大的技术信息源，包含了世界90%～95%的科技信息。对于知识产权的保护自19世纪80年代以来受到了国际社会的广泛关注。欧美国家为了保证其在世界经济竞争中的地位，不断加大对科技成果的知识产权保护，并将其上升到了维护公共利益和社会安全的战略高度。就农业领域而言，加强对农业专利的保护，不仅可以加强各国之间的科技竞争和人才竞争，促进农业科技发展，还可以对农业科技成果进行保护，将科技竞争转换为经济竞争，加快农业的成果转化。拜耳作物科学、杜邦公司、孟山都公司（2019年被拜耳作物科学收购）、先正达公司（2015年被中国化工集团收购）等知名的农业巨头每年的专利申请数量都十分庞大，这也迫使企业不断创新进步，最终推动行业整体发展。

《中国农业知识产权创造指数报告》显示，中国农业领域的发明类专利授权仅占全部专利授权的12%左右，农业专利发明寿命与其他国家相比也有很大差距，说明中国农业知识产权的数量和质量仍有待提高。从农业领域申请专利的行业分布来看，当前国际上农业的专利主要集中在生物技术领域，而中国的专利主要分布在种植业、畜牧业和食品业中，调整农业创新结构迫在眉睫。另外，科研单位长年以来是中国农业科技创新的核心群体，企业的发明类专利授权仅占三成左右[50]。社会创新资金的投入不足导致农业领域创新动力源单一，企业创新能力和创新积极性较低，成果转化效率低下。2017年中国农业科技进步贡献率为57.5%，虽然比5年前提高了3个百分点，但与发达国家相比还存在一定的差距。因此，树立知识产权意识、提升农业创新工作的管理水平、推动科研资源向科研企业倾斜是加快建设中国现代化创新型农业的重要保障。

1.2.2　中国大豆产业发展中存在的专利问题

1.2.2.1　大豆专利技术滞后

全球大豆产业的研发势头仍然强劲，但纵观中国专利与国际先进水平之间仍有较大的差距。近年来，大豆产业技术领域的专利申请量开始大幅度增多，专利的公开量每年都在增加。这表明大豆产业技术发展正处于成长阶段，全世界对大豆产业技术的研究工作十分重视，资金和技术的投入也不断加大。在国家转基因重大专项的支持下，中国对转基因技术的研究水平已逐渐进入国际一流行列，但在大豆产业的知识产权保护、专利质量与国际化竞争方面还有一定差距，同时中国大豆种植面积的萎缩，也阻碍了中国大豆产业技术的发展步伐[51]。

1.2.2.2　大豆专利申请主体单一

中国大豆产业专利的申请主体与国外研发主体大相径庭。在全球范围内大豆产业专利主要为中美两国，但单位的性质却呈现巨大的差异。美国的产业主体主要为孟山都公司、陶氏化学、杜邦公司、拜耳作物科学等企业。中国的主要研发单位是中国农业科学院、中国科学院、南京农业大学等科研院校，中国大豆分子育种相关的研发企业申请的专利主要集中在大豆产业的种质利用和检测检验技术上，关键技术的原创性水平较低，在国际大豆产业中竞争力不强。

1.2.2.3　大豆专利质量较低

中国大豆产业专利增长迅速，但质量有待提高。从 2011 年开始，中国成为全世界专利申请量第一大国，但专利质量普遍不高，尤其是在大豆产业技术研究方面尚在起步阶段。虽然专利量急剧上升,但是专利的他引次数、专利撰写水平、转化许可等产业应用均表明专利质量有待提高;专利的同族专利布局非常少,参与的跨国联合研发还很匮乏,说明中国大豆产业的国际化竞争能力较差;专利技术的联合研发还很不足,尤其是科研院所与企业间的联合攻关亟待加强;专利质量不高,市场转化率低,难以发挥助推经济创新发展和转型升级的作用。

1.2.3 本研究的意义

现代生物技术被誉为20世纪人类最杰出的科技进步之一,分子育种技术是现代生物技术的核心,运用分子育种技术培育高产、优质、多抗、高效的大豆新品种,对保障粮食和饲料安全、缓解能源危机、改善生态环境、提升产品品质、拓展农业功能等具有重要作用。目前,世界上许多国家把分子育种技术作为支撑发展、引领未来的战略选择,分子育种技术已成为各国抢占科技制高点和增强农业国际竞争力的战略重点。

中国的大豆分子育种相关技术专利虽然取得了一定的进步和发展,但是与发达国家相比还有一定差距,主要表现在技术创新水平和国际竞争力相对较低。邱丽娟[52]等学者指出,拥有"基因专利"已成为发达国家和跨国企业垄断生物技术市场的集中体现,基因知识产权将成为生物技术竞争的焦点。中国在注重优质基因发掘的同时,更应重视其知识产权的保护,避免"种中国豆侵美国权"的现象再次发生。

专利分析,也就是利用文献计量、统计学等方法对专利说明书、专利公报中的相关信息进行分析加工,从而得出对未来决策有参考依据的过程。因此,通过对大豆产业相关专利数量年度趋势、地区分布、技术重点分布、产业主体情况和主要竞争者技术差异等方面的数据进行挖掘,不仅可以明确业内竞争对手的技术性竞争优势,找到技术空白点,还可以揭示世界大豆产业的发展规律,了解世界大豆产业发展动态,为规避侵权风险、把握中国大豆相关技术的研发方向提供量化支撑。一直以来,科技进步都是推动中国大豆产业发展的重要手段,中央政府和地方政府一再加大对大豆相关科研经费和人力资源的投入,为解决关键技术难题、加强自主知识产权的创新和保护提供了有力保障,有效扩大了中国大豆产业相关技术的世界影响力。可以说,技术进步是促进产业发展的基础,而专利分析则是基础中的基础。

本研究针对大豆分子育种的全球专利和中国专利进行分析,并结合论文数据对大豆分子育种领域的热点主题进行剖析,将技术发展、市场竞争、研究现状有机结合,形成有深度和广度的研究报告,为相关课题研究者和决策领导提供重要的信息支撑,为中国发展大豆分子育种面临的知识产权问题和产业化需要解决的配套措施提供参考。

▶ 1.3 技术分解

本研究以大豆分子育种的重点技术为专利检索与分析的主线,以分子标记辅助选择、基因编辑、转基因技术、载体构建、分析方法等技术领域,以及抗虫、抗除草剂、抗病和抗非生物逆境等具体应用领域作为辅助,完成全部大豆分子育种专利的检索。大豆分子育种重点技术分解表如表1.2所示。此外,为深入了解大豆分子育种相关专利所包含的具体信息,本次专利分析特请领域专家对全部专利进行了技术分类标引,应用领域包括7个领域,技术分类包括5个领域,每个分类的专利数量也在表中列出,在本书后续的技术分析/应用分析部分,均采用此分类进行分析。

表 1.2　大豆分子育种重点技术分解表

一级技术分类	二级技术分支	专利数量（项）	三级技术分支
应用领域	抗虫	4848	抗食叶性害虫、抗蚜虫、抗草地螟、抗点峰缘蝽、抗地老虎、抗烟粉虱、抗食心虫
	抗除草剂	4745	抗草甘膦、抗草铵膦、抗麦草畏、2,4-D
	抗病	3638	抗胞囊线虫病、抗花叶病毒病、抗锈病、抗菌核病、抗细菌性斑点病、抗疫霉根腐病、抗灰斑病、抗炭疽病
	抗非生物逆境	1177	抗旱、耐盐碱、耐低温、耐高温、耐涝、耐酸铝、耐重金属污染
	营养高效	211	氮高效、磷高效、钾高效、铁高效、固氮
	高产	547	细胞质雄性不育、细胞核雄性不育、高光效、抗倒伏、株高、分枝数、主茎节数、出苗期、开花期、成熟期、结荚期、百粒重、单株荚数、单株粒数、荚粒数
	优质	1177	含高硫氨基酸、高油、高蛋白、高异黄酮、高维生素E、脂肪氧化酶缺失、胰蛋白酶抑制剂缺失、28K过敏蛋白缺失、高油酸、高亚麻酸、高可溶性蛋白含量、无苦涩味、低聚糖含量
技术分类	分子标记辅助选择	695	限制性片段长度多态性（RFLP）、随机扩增多态性DNA（RAPD）、随机扩增片段长度多态性DNA（AFLP）、简单重复序列（SSR）、竞争性等位基因特异性PCR（AS-PCR）、酶切扩增多态性序列（CAPS）、单核苷酸多态性标记（SNP）、功能型分子标记、单倍型、SNP基因型鉴定芯片、基因芯片、重测序、从头测序、InDel标记
	基因编辑	136	CRISPR、TALEN、ZFN
	转基因技术	1702	RNAi、农杆菌转化法、基因枪法、花粉管通道法
	载体构建	1067	组成型表达、诱导表达、组织器官特异表达、种子特异表达
	分析方法	407	全基因组关联分析、图位克隆、同源基因克隆、表达分析

1.4 相关说明

1.4.1 数据来源与分析工具

（1）专利数据：本研究第 1~5 章采用的专利文献数据来源于德温特创新平台（Derwent Innovation，DI），该平台基于德温特世界专利索引（Derwent World Patents Index，DWPI）建立，数据涵盖来自 50 多个专利授权机构及 2 个防御性公开的非专利文献，提供覆盖全球范围专利的英文专利信息。同时，该平台的 ThemeScape 专利地图能够以地图的方式显示数据并识别常见主题，用较为直观的方式分析海量专利数据，呈现技术主题、技术趋势、公司研发重点和市场布局等。第 4 章中的专利质量评分来源于 Innography 数据库，评分依据包括权利要求数量、引用和被引次数、专利异议和再审查、专利分类、专利家族、专利年龄等。专利运营情况来自 incoPat 专利分析数据库。

（2）论文数据：第 6 章采用的论文数据来源于 Web of Science 核心合集：Science Citation Index Expanded（SCIE）数据库和 Conference Proceedings Citation Index-Science（CPCI-S）数据库的高质量论文。利用 VOSviewer 软件进行主题研究热点的挖掘。

（3）分析工具：专利和论文数据分析采用科睿唯安的专业数据分析工具（Derwent Data Analyzer，DDA）及 Excel 2016。DDA 是一个具有强大分析功能的文本挖掘软件，可以对文本数据进行多角度的数据挖掘和可视化的全景分析，还能够帮助研究人员从大量的专利文献或科技文献中发现竞争情报和技术情报，为洞察科学技术的发展趋势、发现行业出现的新兴技术、寻找合作伙伴、确定研究战略和发展方向提供有价值的依据。

1.4.2 术语解释

（1）专利家族：通常人们把具有共同优先权，在不同国家或国际专利组织多次申请、多次公布或批准的内容相同或基本相同的一组专利文献称为专利家族。根据不同的定义和划分规则，衍生出的专利家族种类众多。本研究所述的专利家族为DWPI专利家族，该专利家族严格遵循"发明-记录"的原则，将一项发明对应一个DWPI记录，每个DWPI专利家族成员在技术内容上是基本相同的。本书中代表专利家族的专利数量单位为"项"。

（2）同族专利：第一个录入DWPI数据库中的同族专利成员称为"基本专利"，之后收到的等同专利文件称为"等同专利"，即为同族专利。本书中代表同族专利的专利数量单位为"件"。

（3）最早优先权年：指在同一个专利家族中，同族专利在全球最早提出专利申请的时间。利用专利产出的优先权年份，可以反映某项技术发明在世界范围内的最早起源时间。

（4）最早优先权国家/地区：指在同一个专利家族中，同族专利在全球最早提出专利申请的国家或地区。利用专利申请的最早优先权国家/地区，可以反映某项技术发明在世界范围内最早起源的国家或地区。

1.4.3 其他说明

本书中的"中国"专利均代表"中国大陆地区"，中国香港、中国台湾和中国澳门地区的专利信息单独列出。

由于不同产业主体之间有合作专利、不同机构之间有合作发文的情况，本书在统计专利总量和发文总量时，均已对合作专利和合作发文进行去重处理。

第 2 章
大豆分子育种全球专利态势分析

2.1 全球专利数量年代趋势

截至 2019 年 6 月 2 日,大豆分子育种领域全球专利数量总体为 7617 项。图 2.1 为大豆分子育种全球专利数量年代趋势,自 1998 年起专利数量有了明显上升,2001—2005 年及 2014—2015 年分别出现了短暂的专利数量下降,但总体呈上升趋势。考虑到专利从申请到公开的时滞(最长达 30 个月,其中包括 12 个月优先权期限和 18 个月公开期限),2016—2018 年的专利数量与实际不一致,因此不能代表这 3 年实际的申请趋势。本书其余章节的专利数量统计数据也是如此,不再赘述。

1984 年产出两项大豆分子育种专利,分别是美国恩佐生物化学公司申请的 EP151492A "New biotinylated lectin complexes - used for e.g. detection of chemically-labelled DNA and other biological materials" 与美国 The General Hospital 公司申请的 WO8602097A "Plant cells resistant to herbicidal glutamine synthetase inhibitors - with resistance caused by plant cell levels of glutamine synthetase activity",由此进入了全球大豆分子育种研发的起步阶段。2001—2005 年大豆分子育种专利数量出现了一定程度的回落,随后逐渐回升。2010—2013 年专

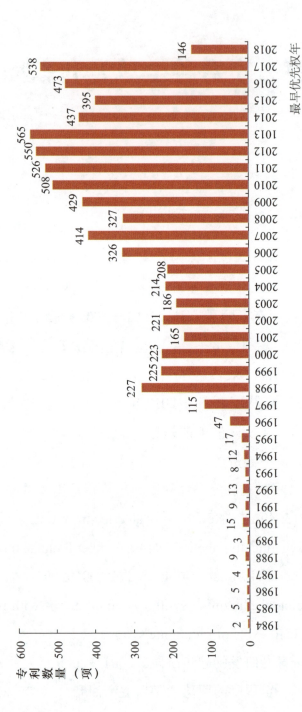

图 2.1 大豆分子育种全球专利数量年代趋势

利数量增长幅度较大，但在2014—2015年又出现了专利数量的低潮期，2017年回升为538项。

图2.2为全球大豆分子育种专利技术生命周期图，每3个年份合并为一个节点，2017—2018年由于数据不全，因此两年作为一个节点。每个节点的产业主体数量为横坐标，专利数量为纵坐标，通过产业主体和专利数量的逐年变化关系，揭示专利技术所处的发展阶段。通常意义上，技术生命周期将一项技术划分为萌芽期、成长期、成熟期、衰退期和恢复期。在萌芽期，大多是基础性专利，技术不成熟，专利数量和产业主体的数量都不多；在成长期，新技术不断地延伸和扩展至相关领域，技术吸引力逐渐显现，吸引各类产业主体相继开始投入研发，该阶段专利数量和产业主体数量会急剧上升；在成熟期，技术趋于成熟，专利数量增长速度降低，由于市

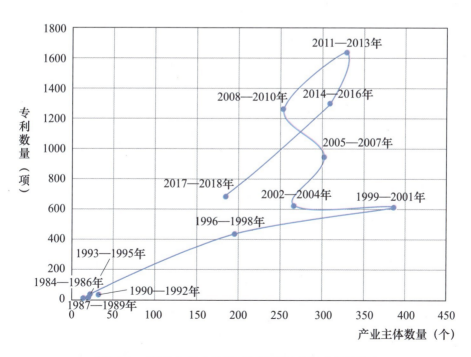

图2.2　全球大豆分子育种专利技术生命周期图

场有限，产业主体数量增长缓慢或下降；在衰退期，产业技术陈旧或遭遇技术瓶颈，市场出现饱和状态，专利数量及产业主体的数量在逐步减少；在恢复期，随着技术的革新与发展，原有的技术瓶颈得到突破，带来新一轮的专利数量及产业主体的增加。

由图 2.2 可见，1984—1995 年为萌芽期：虽然分子生物学技术已有了突破性进展，但尚未大量运用到作物育种领域，仍处于探索阶段，此时大豆分子育种专利数量和产业主体数量均不多。1996—2001 年为成长期：1994 年第一例转基因大豆进行了商业化生产[53]，经过两年的发展，于 1996 年在美国进行大规模种植，转基因大豆种植面积快速扩大，大豆分子育种的产业规模也急速扩张，许多产业主体积极开展大豆新品种的研发工作。2002—2010 年为成熟期：此阶段伴随分子育种技术的成熟，大豆分子育种专利数量稳步上升，但产业主体数量略有下降趋势。孟山都公司、杜邦公司等商业龙头在此阶段的商业行为活跃，通过对中小型种业公司进行并购并外延至发展中国家加速技术布局来使自己的市场占有率逐步增大。2011—2013 年为又一次的成长期：2010 年，由于基因编辑技术的出现及分子设计育种体系日趋成熟，大豆分子育种又迎来了一次新的发展，2011—2013 年的专利数量和产业主体数量出现新增长。2014 年至今为衰退期，由于主流分子育种技术日趋成熟，2014 年之后的专利数量和产业主体数量均有所下降，同时也提示大豆分子育种领域正在孕育新的技术，即将进入新的研发阶段。

2.2　全球专利地域分布

2.2.1　全球专利来源国家/地区分析

图 2.3 为全球大豆分子育种专利主要来源国家/地区分布，专

利最早优先权国家/地区在一定程度上反映了技术的来源地。从图中可以看出，专利数量TOP5的国家/地区依次是：美国、中国、欧洲、日本、英国。其中，美国在大豆分子育种领域的优势地位明显，共有6333项专利，占全部专利数量的83.14%，是排名第二的中国专利数量的7倍多。

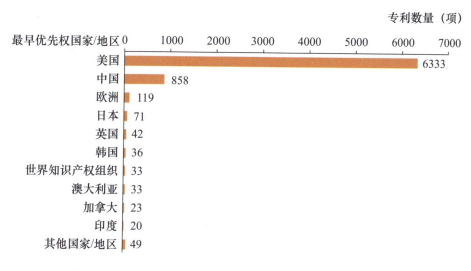

图2.3　全球大豆分子育种专利主要来源国家/地区分布

表2.1是全球大豆分子育种主要专利来源国家/地区活跃机构及活跃度。美国是大豆分子育种专利产出最早的国家，孟山都公司、杜邦公司、斯泰种业公司这些种业领域的巨头是该国的主要产业主体，3个产业主体的专利数量占美国全部专利数量的75.83%，2016—2018年专利数量占比为12%，研发活动较活跃。英国和日本也是技术产出较早的国家，英国2016—2018年的专利数量占比为19%，高于美国。中国于1997年开始有大豆分子育种相关专利出现，由于中国大豆需求量大，大豆分子育种一直是热门的研究领域，2016—2018年专利数量占比为38%，是研发活动最活跃的国

家，相较之下，欧洲在 2016—2018 年的研发活跃度较低，或与欧盟国家限制转基因作物种植有关。

表 2.1 全球大豆分子育种主要专利来源国家/地区活跃机构及活跃度

国家/地区	专利数量（项）	主要产业主体	时间区间	2016—2018年专利数量占比
美国	6333	孟山都公司 [2495]； 杜邦公司 [1597]； 斯泰种业公司 [749]	1984—2018	12%
中国	858	中国农业科学院作物科学研究所 [85]； 南京农业大学 [68]； 吉林省农业科学院 [66]	1997—2018	38%
欧洲	119	巴斯夫公司 [47]； 拜耳作物科学 [24]； 帝斯曼知识产权资产管理有限公司 [14]	1998—2017	4%
日本	71	日本国家农业与食品研究组织 [8]； 住友化学株式会社 [5]； 日本科学振兴机构 [4]； 三得利控股 [4]； 京都大学 [4]	1987—2016	7%
英国	42	先正达公司 [13]； 阿斯利康公司 [9]； 英美烟草集团 [6]	1986—2017	19%

与欧美国家主要产业主体均为大型企业不同，中国和日本专利的产业主体主要是科研机构和高校。

图 2.4 为全球大豆分子育种专利 TOP5 国家/地区技术分布。可以看出，美国和中国的专利涉及 5 个技术分类，转基因技术是主要技术，其次是载体构建和分子标记辅助选择技术。欧洲主要应用的

技术是载体构建，日本转基因技术和载体构建的专利数量相当。英国以载体构建的专利数量为主，没有转基因技术相关专利。

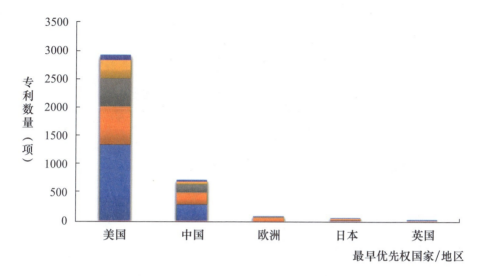

图 2.4　全球大豆分子育种专利 TOP5 国家 / 地区技术分布

2.2.2　全球专利受理国家 / 地区分析

大部分产业主体在进行知识产权保护时，首先会选择在本国申请专利，一些产业主体特别是企业还会在具有重要价值的海外市场进行专利布局，以达到推进市场战略发展、构建技术壁垒、提升国际竞争实力的目的。

图 2.5 显示了全球大豆分子育种专利受理国家 / 地区分布，各国家 / 地区受理的专利总件数为 18003 件。其中，美国受理的专利有 7307 件，约占全球大豆分子育种专利总件数的 40.59%，可见美国是该领域技术流向主要国家，是全球最受重视的技术市场；世界知识产权组织受理的专利有 1609 件，约占全球大豆分子育种专利总量的 8.94%；中国受理的专利有 1566 件，其中主要是中国产业主

体进行的申请。此外,欧洲、加拿大、澳大利亚,以及巴西、墨西哥、阿根廷等南美洲国家也有一定数量的专利布局。

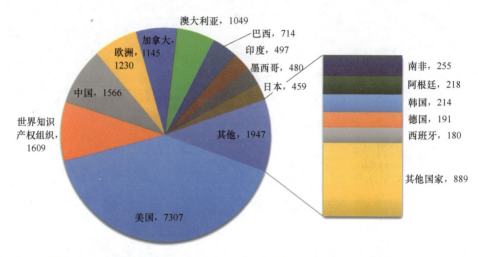

图 2.5　全球大豆分子育种专利受理国家/地区分布(单位:件)

2.2.3　全球专利技术流向

借助技术起源地(专利优先权国)与技术扩散地(专利家族受理国)之间的关系,可以探讨专利数量 TOP4 国家/地区之间的技术流向特点。全球大豆分子育种专利 TOP4 国家/地区技术流向如图 2.6 所示。从图 2.6 中可以看出,经欧洲输出的专利比例最高,有超过 27% 的专利流向了其他三国市场;美国向欧洲输出的专利最多,在日本布局的专利相对较少,只有 2.18% 的专利流向日本。日本分别有 13.89% 和 4.6% 的专利在美国和中国进行布局,极少流向欧洲。较之其他国家/地区,中国在海外布局的专利数量较少,只有 2.08% 的专利流向美国,在欧洲和日本布局的专利均不到 1%,这提示中国产业主体需提高技术海外布局和保护的意识。

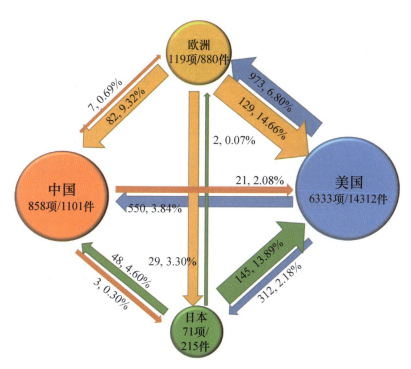

图 2.6　全球大豆分子育种专利 TOP4 国家 / 地区技术流向

2.2.4　全球专利同族和引用

本节对全球 7617 项大豆分子育种专利家族进行申请号归并，获得同族专利 18003 件，并对每件专利进行引用情况统计。大豆分子育种技术专利家族与引用统计如表 2.2 所示。

表 2.2　大豆分子育种技术专利家族与引用统计

排名	专利来源国家/地区	同族专利数量（件）	引用专利数量（件）	篇均被引次数（次）
1	美国	14312	83227	5.82
2	中国	1011	522	0.52
3	欧洲	880	3304	3.75

（续表）

排名	专利来源国家/地区	同族专利数量（件）	引用专利数量（件）	篇均被引次数（次）
4	英国	311	1158	3.72
5	日本	219	269	1.23
6	世界知识产权组织	149	375	2.52
7	澳大利亚	138	139	1.01
8	印度	71	42	0.59
9	韩国	58	82	1.41
10	加拿大	39	16	0.41

从表2.2中可以看出，美国与其他国家/地区相比拥有更庞大的专利家族，6333项专利家族展开后的同族专利件数达14312件，排名第一，专利的篇均被引次数也是最高的，为5.82次，这说明美国技术发展的连续性好，技术体系完善，专利影响力大。欧洲119项专利家族展开后的同族专利件数为880件，排名第三，专利的篇均被引次数3.75次，排名第二，专利质量也较优。亚洲国家的同族专利数量和专利质量普遍低于欧美国家，中国858项专利家族展开后获得1011件同族专利，篇均被引次数只有0.52次，专利质量和影响力还有待提升。

2.3 全球专利技术分析

2.3.1 全球专利技术分布

图2.7为全球大豆分子育种专利技术分析。全球大豆分子育种技术分类的专利共3607[①]项，其中，转基因技术相关专利数量最

---

① 技术分类专利共3607项，因为同一项专利可以同时属于几种技术，故专利数量之和并非图2.7中数据相加之和。下同。

多，是最常用的重点育种技术，共 1702 项；排名第二的为载体构建，相关专利数量 1067 项；排名第三的为分子标记辅助选择，相关专利数量 1067 项；基因编辑专利数量较少，只有 136 项。

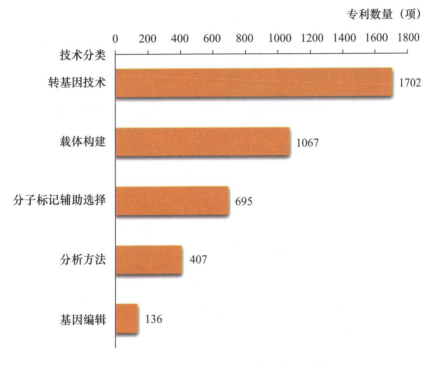

图 2.7　全球大豆分子育种专利技术分析

表 2.3 显示了全球大豆分子育种专利主要技术详细分析情况。可以看出，分析方法是起源最早的技术。分析方法包括全基因组关联分析、图位克隆、同源基因克隆和表达分析，是对目的基因进行识别、分离的一系列方法。2016—2018 年分析方法的专利数量占比为 4%，研发活跃度较低，主要的产业主体为杜邦公司、巴斯夫公司和孟山都公司。转基因技术在大豆分子育种领域的应用起源于 1988 年，2016—2018 年的专利数量占比较高，为 29%，可见至今仍为重点技术。大豆分子育种领域基因编辑相关专利产出于 2002

年，但 2016—2018 年专利数量占比为 56%，技术创新非常活跃，是值得关注的热门育种技术，主要产业主体有杜邦公司、中国科学院遗传与发育生物学研究所和陶氏化学。

表 2.3　全球大豆分子育种专利主要技术详细分析情况

排名	技术分类	专利数量（项）	时间区间	2016—2018年专利数量占比	主要产业主体	来源国家/地区
1	转基因技术	1702	1988—2018	29%	孟山都公司 [679]；杜邦公司 [375]；先正达公司 [87]	美国 [1351]；中国 [300]；日本 [21]
2	载体构建技术	1067	1985—2018	12%	杜邦公司 [197]；巴斯夫公司 [78]；孟山都公司 [55]	美国 [674]；中国 [210]；欧洲 [65]
3	分子标记辅助选择	695	1990—2018	15%	杜邦公司 [227]；孟山都公司 [83]；斯泰种业公司 [67]	美国 [497]；中国 [146]；欧洲 [13]
4	分析方法	407	1984—2018	4%	杜邦公司 [155]；巴斯夫公司 [35]；孟山都公司 [32]	美国 [322]；中国 [46]；日本 [13]
5	基因编辑技术	136	2002—2018	56%	杜邦公司 [34]；中国科学院遗传与发育生物学研究所 [11]；陶氏化学 [10]	美国 [87]；中国 [32]；世界知识产权组织 [6]

图 2.8 为大豆分子育种专利各技术分类专利数量年代趋势，从图中可以看出各技术分类的发展趋势，分析方法是起源最早的技术分类，1998—2000 年为专利数量的高峰，之后专利数量呈下降趋势，2007 年后年度专利数量不超过 10 项。载体构建也是起源较早的技术，20 世纪 90 年代末期为发展的高峰阶段，此后专利数量略有下

第 2 章 大豆分子育种全球专利态势分析

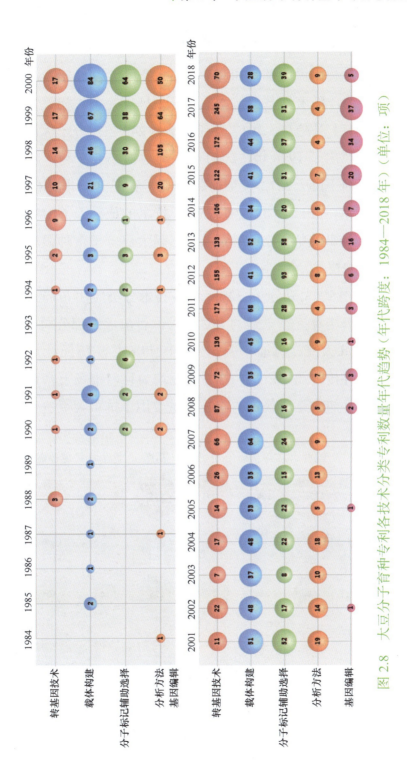

图 2.8 大豆分子育种专利各技术分类专利数量年代趋势（年代跨度：1984—2018 年）（单位：项）

降并趋于稳定。大豆分子育种转基因技术相关专利产出于1988年，最早的3项专利由孟山都公司和Calgene公司（1995年被孟山都公司收购）申请，随着转基因技术的不断发展和完善，相关专利产出数量也呈稳步上升趋势，2017专利数量为245项。分子标记辅助选择相关专利产出于1990年，2000年经历一次小的专利产出高峰后专利数量逐渐下降，2012年专利数量恢复至93项。基因编辑是发展较晚的技术，2012年后，随着ZFN技术的成熟及CRISPR技术的出现，基因编辑专利数量增长较快，是大豆分子育种领域具有广阔应用前景的技术。

图2.9是全球大豆分子育种专利各技术分类应用布局。转基因技术主要用于培育抗除草剂的大豆品种，目前孟山都公司Roundup Ready 2 Xtend大豆、科迪华公司（2019年6月从陶氏杜邦拆分成独立的农业科技公司）Enlist E3™大豆均为目前市场上销量较好的转基因抗除草剂大豆。载体构建技术主要用于抗虫大豆选育，而分

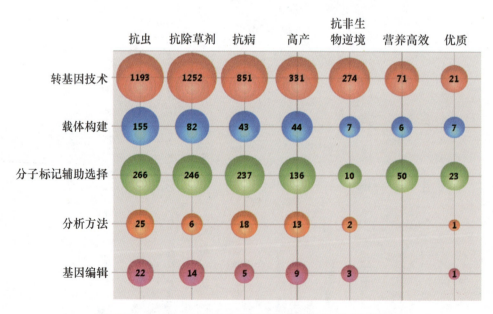

图2.9　全球大豆分子育种专利各技术分类应用布局

子标记辅助选择在抗虫、抗除草剂、抗病 3 个领域的应用程度大致相同，分析方法主要用于植物抗虫和抗病基因的识别、分离、克隆，基因编辑的主要应用领域是抗虫和抗除草剂。

由此可知，目前大豆分子育种领域的重点工作是培育具有抗虫、抗除草剂等抗性大豆品种。相比转基因技术，其他技术在提高大豆品质、产量方面的专利数量还不多，可能存在技术创新的机遇。

2.3.2　全球专利主题聚类

图 2.10～图 2.13 是全球大豆分子育种专利技术主题聚类。针对全球大豆分子育种转基因技术、载体构建、分子标记辅助选择、基因编辑 4 个技术分类，基于各技术分类专利的标题、标题词、摘要，在 TI 数据库中利用 ThemeScape 专利地图功能自动进行技术聚类并生成专利地图。该主题聚类的算法会将相似的主题记录进行分组，根据主题文献密度大小形成体积不等的山峰，山峰高度代表文献记录的密度，山峰之间的距离代表不同主题文献记录的关系，距离越近则内容越相似。

4 个技术分类的聚类结果经领域专家判读，提取各聚类的关键词，为科研人员和领域管理人员阐释各技术目前的研究热点和重点应用方向。

转基因技术：转基因技术是利用 DNA 重组、转化等技术将特定的外源目的基因转移到受体生物中，使之产生预期内的定向遗传改变，因此获得人类期望的遗传性状（Desired Heritable Trait）是该技术的核心目的。转基因技术主要应用于抗虫（Insect-Resistant）、抗除草剂（Sulfonylurea Herbicide，Inhibitor Herbicide）、高产（High Yield）、大豆品质（Quanlity）领域，此外，提高大豆必需氨基酸

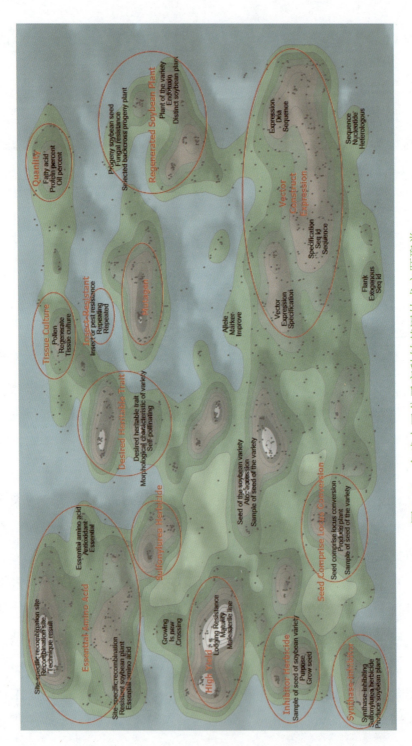

图 2.10　全球大豆分子育种转基因技术主题聚类

第 2 章 大豆分子育种全球专利态势分析

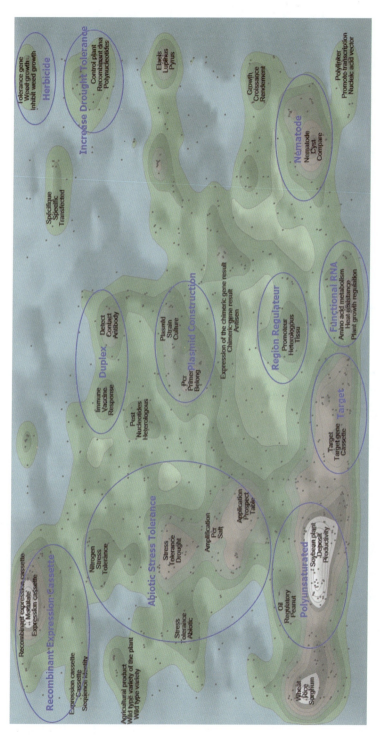

图 2.11 全球大豆分子育种载体构建技术主题聚类

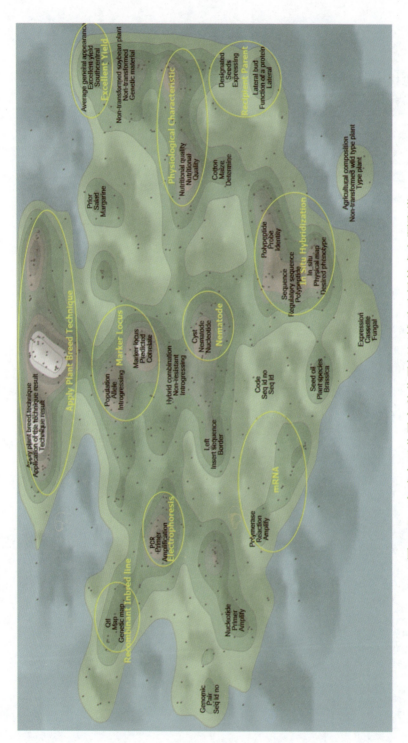

图 2.12 全球大豆分子育种分子标记辅助选择技术主题聚类

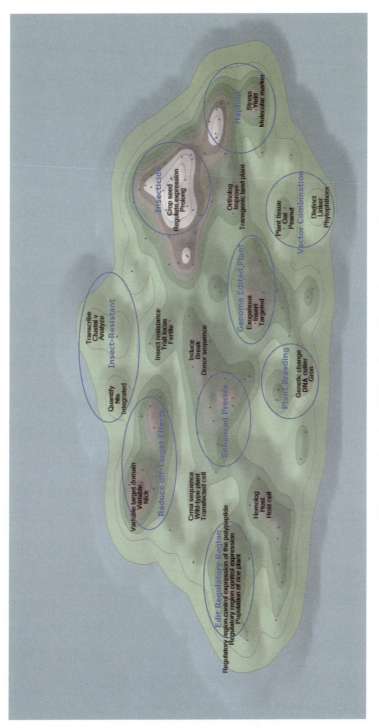

图 2.13 全球大豆分子育种基因编辑技术主题聚类

(Essential Amino Acid）含量，利用合酶抑制剂改善大豆抗胁迫能力也是技术聚焦点。转基因技术中涉及的重要技术环节包括组织培养（Tissue Culture）、再生大豆植株（Regenerated Soybean Plant）、转基因载体的构建和表达（Vector，Construct，Expression）、种子基因位点转换（Seed Comprise Locus Conversion）。

载体构建：在基因工程的研究中，需要一种运载体将 DNA 片段送入受体细胞。质粒为常用的运载体，因此质粒构建（Plasmid Construction）、目的基因（Target Gene）的分离、克隆、转化、鉴定，以及目的基因与质粒的结合均为载体构建技术的重要技术环节。载体构建主要用于提高抗非生物胁迫（Abiotic Stress Tolerance）特别是抗干旱胁迫（Increase Drought Tolerance）、抗大豆胞囊线虫病（Nematode）、抗除草剂（Herbicide）的能力。此外，提高大豆多不饱和脂肪酸含量（Polyunsaturated）也是载体构建技术的重点应用领域。

分子标记辅助选择：分子标记辅助选择技术可以在分子水平上快速、准确地分析个体的遗传组成，从而实现对目标基因的标记筛选，按预期目的进行育种，常用的分子标记包括 RELP、SSR、AFLP、SNP 芯片等。重组自交系（Recombinant Inbred Line）、电泳（ELectrophoresis）、标记位点（Marker Locus）、信使 RNA（mRNA）、原位杂交（In Situ Hybridization）、受体亲本（Recipient Parent）是主要的技术环节。提高产量（Excellent Yield）、提高抗虫性能（Nematode）、改善大豆营养成分含量等生理特性（Physiological Characteristic）是分子标记辅助选择主要的应用领域。

基因编辑：相对于其他技术，基因编辑技术应用于作物育种领域的时间较晚，该技术依赖经过基因工程改造的核酸酶，能够准确地对生物体基因组特定目标基因进行修饰，常见的核酸酶有锌指核酸酶（ZFNs）、转录激活样效应因子核酸酶（TALEN）和成簇规律间隔短回文重复（CRISPR-Cas9）系统。减少 CRISPR-Cas9 脱靶效应（Reduce off-Target Effects）、编辑调控区域（Edit Regulatory Region）、提高基因编辑精度（Enhance Precise）、载体组合（Vector Combination）、利用基因编辑创制单倍体诱导系（Haploid）是主要的技术热点。基因编辑目前主要的应用领域是抗虫（Insect-Resistant）。

2.4 主要产业主体分析

将全球大豆分子育种领域产业主体进行清洗并根据专利数量进行排序，从而遴选出该领域主要的产业主体，作为后续多维组合分析、评价的基础。

全球大豆分子育种领域主要产业主体分布如图 2.14 所示，专利数量 TOP10 的产业主体为孟山都公司（2505 项）、杜邦公司（1623

图 2.14　全球大豆分子育种领域主要产业主体分布

项)、斯泰种业公司(749项)、先正达公司(520项)、Merschman种业公司(424项)、陶氏化学(211项)、巴斯夫公司(134项)、拜耳作物科学(121项)、中国农业科学院作物科学研究所(86项)、南京农业大学(69项)。由排序结果可知,全球大豆分子育种排名TOP8的产业主体为欧美国家的大型企业,他们的专利数量之和为5592项,占全部专利数量的78.67%,对该领域技术市场的占领程度可见一斑。来自中国的产业主体有两家,均为科研院所。

表2.4列出了全球大豆分子育种主要产业主体活跃度和主要技术分布。孟山都公司在大豆分子育种领域起步较早,相关专利产出始于1985年,至2018年一直有专利产出,2016—2018年专利数量占比为14%,主要技术涉及转基因技术、分子标记辅助选择和载体构建。杜邦公司专利数量1623项,专利产出始于1986年,转基因技术是其优势技术。斯泰种业公司专利产出始于1993年,略晚于前两名的机构,2016—2018年专利数量占比为6%,创新活跃度不高。

表2.4 全球大豆分子育种主要产业主体活跃度和主要技术分布

排名	产业主体	专利数量(项)	时间区间	2016—2018年专利数量占比	主要技术分布
1	孟山都公司	2 505	1985—2018	14%	转基因技术 [679]; 分子标记辅助选择 [83]; 载体构建 [55]
2	杜邦公司	1 623	1986—2018	10%	转基因技术 [375]; 分子标记辅助选择 [227]; 载体构建 [197]
3	斯泰种业公司	749	1993—2018	6%	转基因技术 [82]; 分子标记辅助选择 [67]

第 2 章 大豆分子育种全球专利态势分析

（续表）

排名	产业主体	专利数量（项）	时间区间	2016—2018年专利数量占比	主要技术分布
4	先正达公司	520	1994—2017	22%	转基因技术 [87]；载体构建 [34]；分子标记辅助选择 [23]
5	Merschman 种业公司	424	2001—2017	16%	转基因技术 [86]；载体构建 [4]；分子标记辅助选择 [4]
6	陶氏化学	211	1988—2017	12%	转基因技术 [32]；分子标记辅助选择 [29]；载体构建 [28]
7	巴斯夫公司	134	1995—2017	3%	载体构建 [78]；分析方法 [35]；分子标记辅助选择 [11]
8	拜耳作物科学	121	1985—2017	6%	转基因技术 [14]；载体构建 [11]；分子标记辅助选择 [3]
9	中国农业科学院作物科学研究所	86	1998—2018	28%	转基因技术 [32]；分子标记辅助选择 [30]；载体构建 [18]
10	南京农业大学	69	2003—2018	35%	转基因技术 [34]；载体构建 [17]；分子标记辅助选择 [7]

两家中国产业主体在大豆分子育种领域研发起步较晚，中国农业科学院作物科学研究所和南京农业大学分别于 1998 年和 2003 年产出专利，但两家产业主体的创新活跃度较高，2016—2018 年的专利数量占比分别为 28% 和 35%，可见中国产业主体的发展势头强劲。

2.4.1 主要产业主体的专利数量年代趋势

图 2.15 和图 2.16 列出了全球大豆分子育种 TOP10 产业主体的

45

全球大豆分子育种技术发展态势研究

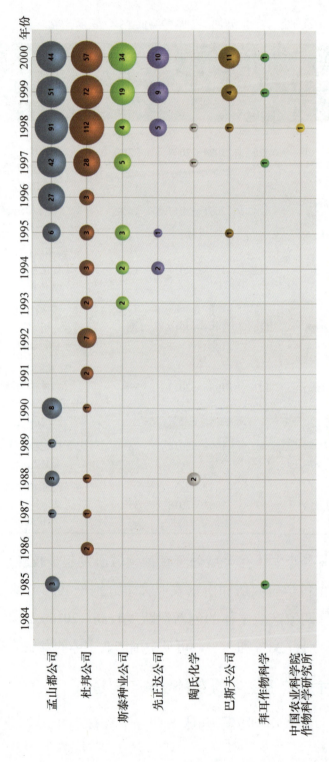

图 2.15 全球大豆分子育种 TOP10 产业主体专利数量年代趋势（年代跨度：1984—2000 年）（单位：项）

第 2 章 大豆分子育种全球专利态势分析

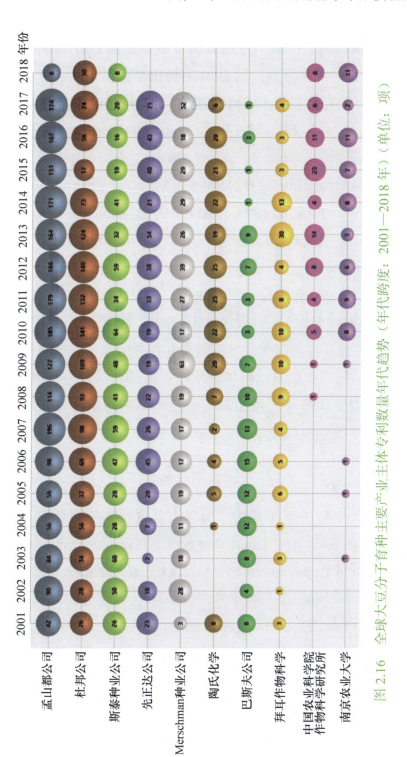

图 2.16 全球大豆分子育种主要产业主体专利数量年代趋势（年代跨度：2001—2018 年）（单位：项）

专利数量年代趋势，从中可以看出各产业主体的起步时间和发展趋势。

孟山都公司是申请相关专利最早的机构之一，1985年产出3项专利，分别为EP218571-A "Glyphosate-resistant plants - prepd. by inserting gene encoding 5-enol pyruvyl shikimate-3-phosphate synthase polypeptide"，US5981839A "New genetic constructs useful for transforming plants with a DNA sequence of interest"，US5188642A "Selective weed control - by transforming crops with chimeric gene contg. 5-enolpyruvylshikimate -3-phosphate synthase gene，conferring glyphosate resistance"。研究人员将分离出的抗草甘膦基因（EPsPs基因）导入大豆基因组中，从而获得具有抗草甘膦性状的新大豆品种，围绕该方法的专利在之后也不断地被扩充和发展，孟山都公司也适时地将该技术进行海外布局，全面占有市场。随后在1982—1995年，孟山都公司专利申请间断且专利数量均较少，1997年后专利数量增加，2007年达到了专利数量的高峰，为196项。2010年后孟山都公司的年度专利数量较稳定，技术产出高于其他产业主体。

杜邦公司于1986年开始产出与大豆育种有关的专利，两项专利分别是US5141870A "Conferring herbicide resistance on plants using a nucleic acid fragment encoding a herbicide-resistant plant aceto：lactate synthase protein" 和EP730030A1 "Prodn. of herbicide-resistant plants using a nucleic acid fragment encoding an aceto：lactate synthase resistant to herbicides such as sulphonyl：urea"。1998年起杜邦公司专利数量增长迅速，为112项，此后专利数量略有下降，2009—2013年又呈上升趋势，专利数量最高是2010年的141项。

斯泰种业公司是在美国拥有"大豆新品种摇篮"称号的私人种

子公司，其最早的两项专利产出于 1993 年，分别为 US5304728A "Soybean cultivar 9202709 - is provided having all physiological and morphological characteristics of soybean plant" 和 US5304729A "Soybean cultivar 9211713 - is provided having all physiological and morphological characteristics of soybean plant"。此后，斯泰种业公司的专利数量呈增长趋势，2010 年专利数量最高为 64 项，2011 年后专利数量略有下降。

先正达公司于 1994 年产出相关专利，为 US2005081259A1 "Expressing a mature enzyme in a plant plastid by introducing a chimeric gene with a modified DNA molecule，useful for providing plants having herbicide-tolerant forms of the enzyme protoporphyrinogen oxidase（protox）" 和 US2001016956A1 "Novel shuffled DNA molecule obtained by shuffling template DNA molecule having protox enzyme activity，encodes protox enzyme having enhanced tolerance to herbicide that inhibits protox activity encoded by template DNA"，均为转基因抗除草剂大豆育种相关专利，专利数量呈现稳定中略有上升的趋势，2017 年的专利数量为 71 项。

Merschman 种业公司相较其他的欧美产业主体在大豆分子育种领域的专利产出较晚，2001 年产出 3 项专利，为优质大豆和抗除草剂大豆育种相关专利，2009 年专利数量最高为 63 项，之后专利数量趋于稳定。

陶氏化学、巴斯夫公司和拜耳作物科学也是该领域投入研发较早的产业主体，陶氏化学 2009 年之后的专利数量稳定在 20 项左右，巴斯夫公司和拜耳作物科学的专利数量呈下降趋势。

中国农业科学院作物科学研究所和南京农业大学相较其他的欧美产业主体专利产出时间较晚。1998 年，中国农业科学院作物科学研究所产出的第一项专利为 CN1258746A "Identification of the molecular marker of soybean salt-tolerance gene and its application",利用分子标记辅助选择技术识别大豆耐盐基因。2003 年,南京农业大学产出的第一项专利为 CN1453367A "Soybean phytophthora testing reagent kit, for crop disease prevention",为大豆抗病领域相关专利。两个中国产业主体在 2010 年之后专利数量均呈稳步增长趋势。

2.4.2　主要产业主体的专利布局

图 2.17 为全球大豆分子育种主要产业主体的专利布局。图中横坐标轴为各产业主体在各国家/地区的专利数量(件),纵坐标轴为专利公开国家/地区(专利受理国家/地区)。

从图 2.17 中可以发现,除斯泰种业公司外,孟山都公司、杜邦公司、先正达公司等跨国企业的专利布局非常广泛,除了在美国申请大量专利,也在亚洲国家、世界知识产权组织、欧洲、澳大利亚、加拿大和南美地区等地申请相关专利,以求构建完善的技术壁垒,充分占领国际市场,反映出这几家大型公司有着完善的市场布局战略。斯泰种业公司绝大部分专利均在美国本地申请,仅在世界知识产权组织、欧洲、加拿大、澳大利亚申请了少量专利,可见其主要发展方向就是在其本国进行技术布局,抢占美国市场。

中国农业科学院作物科学研究所和南京农业大学大部分的专利都是在中国申请的,在其他国家/地区申请的专利数量很少,专利海外布局不够完善。提示中国大豆分子育种领域的产业主体要提高专利海外布局、技术保护的意识,尝试逐步开拓海外市场,探寻农业"走出去"的道路。

第 2 章 大豆分子育种全球专利态势分析

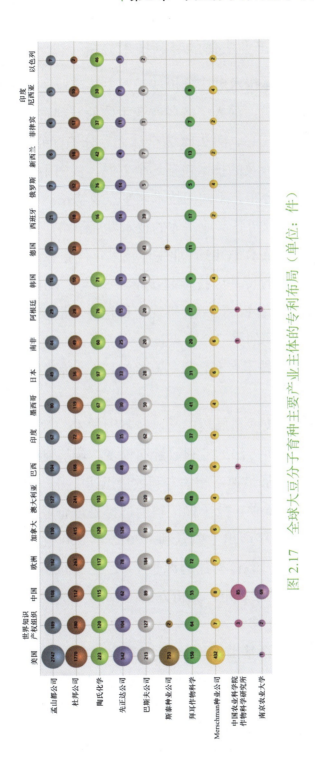

图 2.17 全球大豆分子育种主要产业主体的专利布局（单位：件）

2.4.3 主要产业主体的专利技术分析

主要产业主体技术对比分析就是对主要产业主体所投资的技术领域进行对比分析，深入了解各产业主体的专利布局情况、透析各产业主体的技术核心。图2.18为全球大豆分子育种技术TOP5产业主体技术分布，涉及的技术包括5个方向，从图中可以详细看出各产业主体的技术分布、不同的技术侧重点及特长。

为了进一步分析各产业主体的技术发展策略，图2.19列出了全球大豆分子育种技术TOP5产业主体技术年代趋势。

孟山都公司的转基因技术起步于1988年，2017年达到转基因技术的专利数量高峰，且一直呈现增长趋势，是该企业的重点研发技术。孟山都公司的另一个重点技术分子标记辅助选择起步于1997年，2001年是该技术专利数量的高峰时段，此后相关专利数量逐渐减少。

杜邦公司的技术布局较广泛，转基因技术、载体构建、分子标记辅助选择、分析方法的专利数量均较多。转基因技术起步于1995年，2007年后发展迅速，相关专利数量迅速上升，专利数量的高峰在2012年，为46项。分子标记辅助选择是该企业最早产出专利的技术分类，1990年产出1项专利，2012年专利数量最多为68项，此后呈下降趋势。载体构建起源于1992年，2000年后专利数量下降，2011年之后趋于稳定。分析方法在1998年时专利数量为69项，但此后专利产出不多。

先正达公司除基因编辑技术相关专利在2013年开始产出外，其他技术分类的专利数量在2011年以前相差不多。2012年之后，转基因技术逐渐成为该企业在大豆分子育种领域的重点技术，专利数量增长较快，2017年专利数量为27项。

第 2 章 大豆分子育种全球专利态势分析

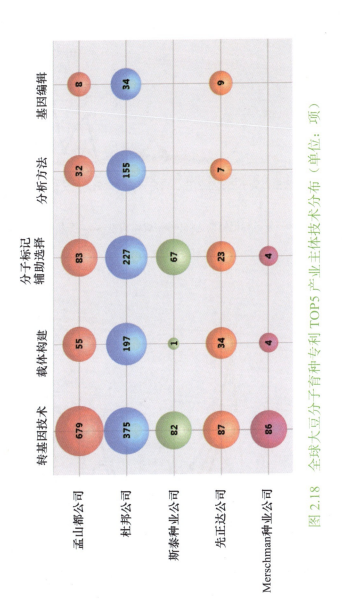

图 2.18 全球大豆分子育种专利 TOP5 产业主体技术分布（单位：项）

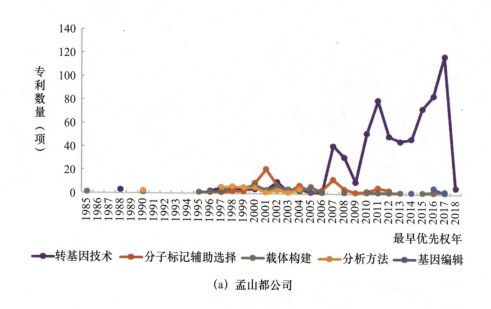

(a) 孟山都公司

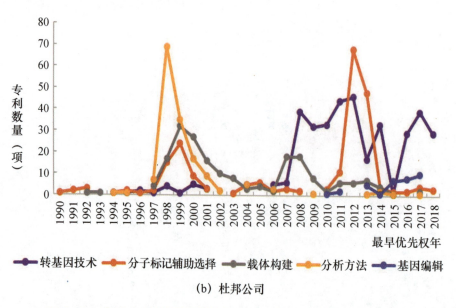

(b) 杜邦公司

图 2.19 全球大豆分子育种技术 TOP5 产业主体技术年代趋势

第 2 章 大豆分子育种全球专利态势分析

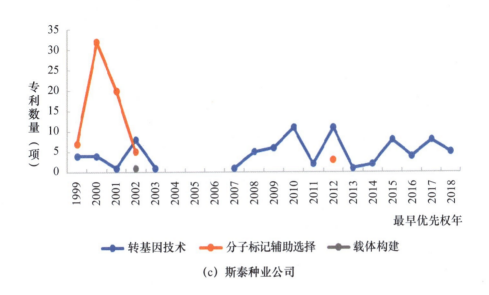

(c) 斯泰种业公司

(d) 先正达公司

图 2.19 全球大豆分子育种技术 TOP5 产业主体技术年代趋势（续）

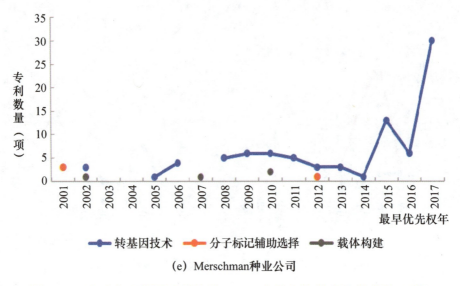

(e) Merschman 种业公司

图 2.19　全球大豆分子育种技术 TOP5 产业主体技术年代趋势（续）

斯泰种业公司和 Merschman 种业公司的技术布局相类似，两家企业主要利用转基因技术进行大豆育种，少量专利涉及分子标记辅助选择和载体构建。斯泰种业公司转基因技术相关专利数量年代趋势较稳定，Merschman 种业公司相关专利在 2014 年后呈上升趋势。

2.4.4　孟山都公司大豆分子育种专利核心技术发展路线

孟山都公司总部位于美国，是全球最大的跨国种子企业及全球农业生物技术育种的先导者。该公司成立于 1901 年，以制备与销售糖精起家，1971 年，孟山都公司研发并推出草甘膦除草剂 Round up（农达），该产品迅速发展成为该公司风靡全球的旗舰产品。20 世纪 80 年代初，孟山都公司将发展重点定位于生物技术，大举收购迪卡生物科技公司、Asgrow 公司、Holden 基础种子公司、Seminis 公司、三角洲和松兰公司等顶级种子公司，对优质种子资源和育种技术有绝对的拥有权，在全球特别是南美洲国家的生物技术、作物育种、植物保护领域的研发和营销中逐渐站稳脚跟，并快速发展壮大。除此之外，孟山都公司十分重视技术产品的知识产权保护与专利的全球布局，坚持"专利在先，市场在后"的原则，多年积累建立了完善且全面的专利池，对企业的发展起到了至关重要的作用。

经检索，孟山都公司大豆分子育种专利数量为2505项，展开后同族专利数量4019件。本书基于专利质量、同族专利数量、专利被引次数等多个因素并结合专利所属的技术和应用分类，筛选出孟山都公司大豆分子育种领域重要专利若干，通过专利的前后引证关系绘制专利技术路线图。图2.20为孟山都公司大豆分子育种专利核心技术发展路线图，图中横轴为专利申请时间，专利按照申请先后时间排列。箭头指向的方向，代表该专利被后续专利所引用。图中以一件专利家族成员代替整个专利家族，箭头所指的引用表示对专利家族的引用情况，并非针对专利家族中的一件专利。图中所列只是部分重要专利，并非孟山都公司的全部专利。表2.5为孟山都公司大豆分子育种领域重要专利信息。

整体来看，孟山都公司大豆分子育种研发活动历程悠久，发展体系完整且大部分专利拥有庞大的专利家族，在世界各地均构建了较全面的技术壁垒。在技术方面，转基因技术是最早出现的分子育种技术，至今也是主要的育种手段；2000年后，分子标记辅助选择育种、载体构建技术逐渐运用到大豆选育的过程中，用于对筛选出的大豆种质进行基因定位和基因标记，帮助提高大豆育种效率；2010年后，基因编辑技术也出现在该公司大豆分子育种专利中，只是专利数量还不多。在应用方面，抗草甘膦除草剂大豆是孟山都公司最早研发推广的产品，至今几经迭代。抗虫、高产、抗病、高油酸的大豆品种也是该公司主要的研发方向。

于 1986 年申请的专利 EP218571A2 "Glyphosate-resistant plants prepd. by inserting gene encoding 5-enol pyruvyl shikimate-3-phosphate synthase polypeptide" 是孟山都公司大豆分子育种领域最早申请的专利,将 5-烯醇丙酮莽草酸 -3-磷酸合成酶(EPSPS)插入植物基因,生产包括大豆在内的抗草甘膦植物。1989 年,孟山都公司又申请了专利 US5310667A "Prodn. of glyphosate-tolerant synthase enzymes - using recombinant DNA methods, useful for producing resistant plants. gives resistant transformed plants by aminoacid substitution",利用 DNA 重组技术制备抗草甘膦的 EPSPS。基于以上两件专利,在 1990 年后,孟山都公司围绕优化 EPSPS 基因,利用农杆菌介导法等转基因技术产出抗除草剂植物延伸出许多专利,这为 1996 年孟山都公司推出世界第一个商业化转基因抗草甘膦大豆(商品名:Roundup-Ready Soybean GTS40-3-2)打下了基础。

2000 年后,孟山都公司的专利申请进入高峰阶段,不同品种的大豆也逐渐出现在市场上。2000 年,孟山都公司基于先前一系列抗草甘膦大豆专利申请了专利 US6384301B1 "Performing germline transformation of soybean using Agrobacterium-mediated transformation directly on meristematic cells of soybean embryos",以该专利为主后续又发展出许多重要专利,重点在于增加大豆抗性:①抗病:以专利 US6384301B1 与 US7154021B2 为基础,申请了抗大豆锈病、抗大豆孢囊线虫病等具有抗病特性的大豆品种。②抗虫、抗草甘膦性状叠加:2006 年申请了专利 US7632985B2,为转基因事件 MON89788,第二代抗草甘膦大豆(商品名:Genuity Roundup Ready 2 Yield),该专利被引用 1570 次,专利强度为 91 分,围绕该专利又不断产出更优质、性状叠加的大豆品种,如专利

US7608761B2 为具有抗病与抗草甘膦复合性状的大豆；2011 年，申请专利 US8455198B2，为转基因事件 MON87701，将抗虫大豆推出市场，在这之后孟山都公司将 MON89788 和 MON87701 两种性状叠加，推出抗草甘膦及抗虫的转基因大豆 MON87701×MON89788（商品名：INTACTA RR2 PRO），该品种大豆可以表达 BtCry1Ac 毒性蛋白，用以控制鳞翅目昆虫。③抗麦草畏：基于专利 US6384301B1 申请了专利 WO2008105890A2 "New recombinant DNA molecule for producing a dicamba tolerant plant comprises DNA sequence encoding a chloroplast transit peptide operably linked to a DNA sequence encoding dicamba monooxygenase"，以此为基础，分别在 2010 年和 2013 年，申请转基因事件 MON87708 及相关专利，推出抗麦草畏除草剂大豆（商品名：Roundup Ready 2 Xtend）。

除了抗性大豆，孟山都公司具有高产、优质特性的大豆也广受国际市场的关注。2005 年以前孟山都公司申请了具有低亚麻酸含量且油酸水平较高的大豆品种，并基于此 2010 年申请了专利 US20100080887A1，转基因事件 MON87705（商品名：Vistive Gold），生产出油酸等单不饱和脂肪酸含量高，亚麻酸等饱和脂肪酸含量低，并且具有抗草甘膦除草剂特性的大豆品种。此外，孟山都公司还申请了提高植物种子中 Omega-3 含量的相关专利，并以此为基础于 2011 年申请了专利 WO2012051199A2，为转基因事件 MON87712，为高产大豆品种。

由图 2.20 可知，孟山都公司大豆分子育种 2000 年以前的重要基础专利均已失效，可为其他机构的相关研发提供使用和参考。

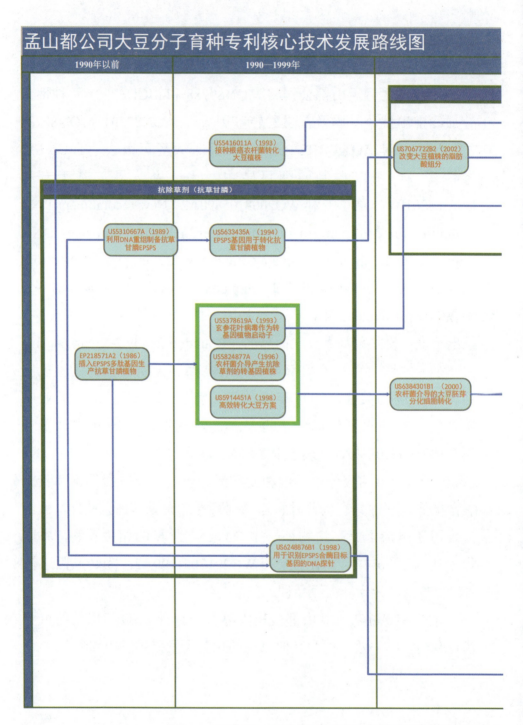

图 2.20 孟山都公司大豆分子育种专利核心技术

第 2 章 大豆分子育种全球专利态势分析

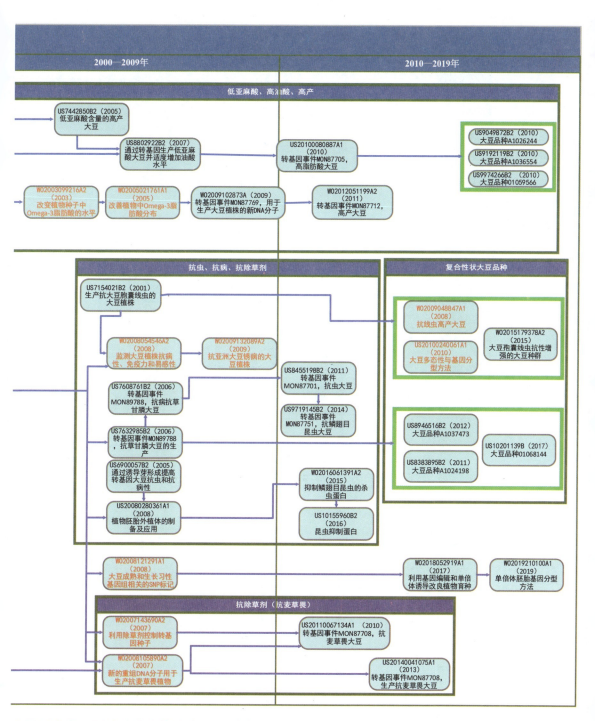

发展路线图（图中红色字体专利为失效专利）

表 2.5 孟山都公司大豆分子育种领域重要专利信息

专利号	DWPI 入藏号	申请日期	专利名称	DWPI同族专利计数（件）	专利强度区间（分）	施引专利计数（件）	失效/有效	估计的截止日期
EP218571A2	1987102974	1986-08-06	Glyphosate-resistant plants prepd. by inserting gene encoding 5-enol pyruvyl shikimate-3-phosphate synthase polypeptide	12	10~20	183	失效	2006-08-06
US5310667A	1991024365	1989-07-17	Prodn. of glyphosate-tolerant synthase enzymes - using recombinant DNA methods, useful for producing resistant plants. gives resistant transformed plants by aminoacid substitution	10	50~60	343	失效	2011-05-10
US5416011A	1995193428	1993-11-23	Soybean transformation by preparing. a cotyledon explant from a soybean seedling and inoculating with a disarmed Agrobacterium tumefaciens vector	1	50~60	355	失效	2012-05-16
US5378619A	1995051258	1993-12-22	promoter from figwort mosaic virus(FMV) promoter functions as strong, uniform promoter for chimeric genes inserted into plant cells	1	60~70	228	失效	2012-01-03
US5633435A	1997297418	1994-09-13	New isolated 5-enol: pyruvyl: shikimate-3-phosphate synthase gene used for transforming plants to produce plants which are tolerant to glyphosate herbicide	2	80~90	919	失效	2014-05-27

第 2 章　大豆分子育种全球专利态势分析

（续表）

专利号	DWPI入藏号	申请日期	专利名称	DWPI同族专利计数（件）	专利强度区间（分）	施引专利计数（件）	失效/有效	估计的截止日期
US5824877A	1998582651	1996-10-25	Transforming soybean plants with Agrobacterium vectors containing genes to produce transformed plants cells and transgenic plants with new phenotype(s)e.g. herbicide resistance	1	60~70	343	失效	2008-07-22
US5914451A	1999370523	1998-04-06	Obtaining germ line-transformed soybean plants	16	50~60	152	失效	2018-04-06
US6248876B1	2001407326	1998-08-20	DNA probe capable of use in a polymerase chain reaction for identifying the presence of a target genomic DNA encoding a 5-enolpyruvylshikimate-3-phosphate synthase(EPSPS)enzyme	1	50~60	373	失效	2010-08-31
US7154021B2	2001425872	2001-01-05	New purified nucleic acid for producing a soybean plant having soybean cyst nematode resistance and for use in plant breeding programs	16	90~100	26	有效	2022-01-07
US6900057B2	2002698612	2002-01-16	Regenerating(transgenic)plants, useful for improving the efficiency of production of e.g. cotton or soybean with improved insect or disease resistance, by employing an apical dominance inhibitor to induce bud or shoot formation	8	70~80	22	有效	2022-01-16

(续表)

专利号	DWPI入藏号	申请日期	专利名称	DWPI同族专利计数（件）	专利强度区间（分）	施引专利计数（件）	失效/有效	估计的截止日期
US7067722B2	2004071729	2002-06-21	Novel substantially purified nucleic acid molecule, useful for producing soybean plants having modified fatty acid composition	20	80~90	71	失效	2010-06-27
WO2003099216A2	2004035035	2003-05-21	New desaturase polypeptides and polynucleotides that desaturates a fatty acid molecule at carbon 15 or carbon 12, useful for producing a plant having seed oil with altered levels of omega-3 fatty acid	31	80~90	107	失效	—
WO2005021761A1	2005214577	2004-08-20	New isolated polynucleotide encoding a polypeptide having desaturase activity that desaturates a fatty acid molecule at carbon 6, useful for improving omega-3 fatty acid profiles in plant products and parts	29	60~70	63	失效	—
US7442850B2	2006568463	2005-09-29	New agronomically elite soybean variety plant, useful for producing soybean, which is a source of vegetable oil, having commercially significant yield and a mid/low-linolenic acid content	26	80~90	22	有效	2026-07-31
US7632985B2	2007175325	2006-05-26	Novel nucleic acid sequence of event MON89788, useful for producing soybean plant tolerant to glyphosate herbicide and for producing soybean commodity product	38	90~100	1570	有效	2027-07-11

（续表）

专利号	DWPI入藏号	申请日期	专利名称	DWPI同族专利计数（件）	专利强度区间（分）	施引专利计数（件）	失效/有效	估计的截止日期
US7608761B2	2007057409	2006-05-26	Controlling disease in specified transgenic event containing soybean plant as source of vegetable oil and protein, involves conferring glyphosate tolerance to soybean plant, and treating soybean plant with composition containing glyphosate	12	90～100	716	有效	2026-05-26
WO2008054546A2	2008F39044	2007-05-24	Assaying a soybean plant for disease resistance, immunity, or susceptibility comprises cultivating the tissue in a media and exposing the tissue to a plant pathogen	47	60～70	25	失效	—
WO2008105890A2	2008M32765	2007-06-06	New recombinant DNA molecule for producing a dicamba tolerant plant comprises DNA sequence encoding a chloroplast transit peptide operably linked to a DNA sequence encoding dicamba monooxygenase	56	80～90	35	失效	—
WO2007143690A2	2008B39326	2007-06-06	Controlling weed growth in a crop-growing environment by applying an auxin-like herbicide to a crop-growing environment and planting a transgenic seed of a dicotyledonous plant and allowing the seed to germinate into a plant	22	80～90	58	失效	—

(续表)

专利号	DWPI入藏号	申请日期	专利名称	DWPI同族专利计数（件）	专利强度区间（分）	施引专利计数（件）	失效/有效	估计的截止日期
US20080280361A1	2008M49728	2008-03-10	Obtaining a transformable plant tissue, comprises obtaining a plant seed, and preparing an explant from the plant seed under conditions where the explant does not germinate and remains viable and competent for genetic transformation	43	80~90	34	有效	2029-07-28
WO2008121291A1	2008N51438	2008-03-27	Establishing where a soybean plant or seed should be grown for soybean plant breeding by obtaining DNA, determining if alleles within maturity genomic region are homozygous or heterozygous, and assigning maturity group value	14	30~40	2	失效	—
WO2009048847A1	2009H06256	2008-10-07	Soybean breeding comprises crossing a first soybean having Forrest-type soybean cyst nematode(SCN)resistance with a second soybean to create a segregating population	11	30~40	14	失效	—
US8802922B2	2009B31964	2009-01-15	Producing a soybean plant with low linolenic acid levels and moderately increased oleic levels by combining transgenes that provide moderate oleic acid levels with soybean germplasm conferring low linolenic acid phenotypes	53	90~100	10	有效	2023-03-21

(续表)

专利号	DWPI入藏号	申请日期	专利名称	DWPI同族专利计数（件）	专利强度区间（分）	施引专利计数（件）	失效/有效	估计的截止日期
WO2009132089A2	2009Q45384	2009-04-22	Producing Asian soybean rust(ASR)-resistant soybean plants, comprises performing marker assisted selection to identify a soybean plant possessing ASR resistance locus 14, and generating progenies of the soybean plant	24	40~50	5	失效	—
US20100080887A1	2010D85811	2009-09-28	New soybean plant comprising DNA molecule diagnostic for the soybean event MON87705, useful for developing further soybean lines and hybrids with desired traits, e.g. altered fatty acid levels	24	70~80	115	有效	2030-11-06
US20100240061A1	2010M25679	2010-04-19	Oligonucleotide set useful for identifying polymorphism in soybean DNA, comprises pair of isolated nucleic acid molecules, and pair of detector nucleic acid molecules	1	40~50	15	失效	2012-04-16
US8383895B2	2012A97825	2010-07-16	New seed of soybean variety A1024198 useful for producing transgenic plants with improved desired traits e.g. male sterility and herbicide resistance, and producing commodity plant products e.g. protein concentrate	2	90~100	9	有效	2031-03-27

（续表）

专利号	DWPI入藏号	申请日期	专利名称	DWPI同族专利计数（件）	专利强度区间（分）	施引专利计数（件）	失效/有效	估计的截止日期
US20110067134A1	2011C63634	2010-08-26	New recombinant soybean DNA molecule, useful for producing a soybean plant that tolerates application of dicamba herbicide and determining the zygosity of a soybean event MON 87708 plant or seed	41	60~70	39	有效	2031-06-07
US6384301B1	2000476067	2011-09-26	Performing germline transformation of soybean using Agrobacterium-mediated transformation directly on meristematic cells of soybean embryos	16	60~70	0	失效	2020-01-12
WO2012051199A2	2012E51024	2011-10-11	New recombinant DNA molecule useful in hybrid soybean plant or seed, nonliving plant material, microorganism, and commodity product e.g. whole or processed seed, animal feed, oil and flake, comprises specific polynucleotide molecule	22	70~80	65	有效	—
US8455198B2	2012G79265	2011-10-31	New pair of DNA molecules comprises a first DNA molecule and a second DNA molecule, useful for determining zygosity of DNA of a soybean plant genome comprising soybean event MON87701 in a soybean sample	2	70~80	29	有效	2028-11-06

第 2 章　大豆分子育种全球专利态势分析

（续表）

专利号	DWPI入藏号	申请日期	专利名称	DWPI同族专利计数（件）	专利强度区间（分）	施引专利计数（件）	失效/有效	估计的截止日期
US8946516B2	2013W53844	2012-06-01	New plant of soybean variety A1037473, useful for developing further soybean varieties and hybrids with desired traits, e.g. herbicide tolerance, insect resistance, pest resistance, disease resistance, and abiotic stress resistance	2	70～80	3	有效	2033-03-22
US9049872B2	2013W53800	2012-06-03	New plant of soybean variety A1026244, useful for developing further soybean varieties and hybrids with desired traits, e.g. herbicide tolerance, insect resistance, pest resistance, disease resistance, and abiotic stress resistance	2	50～60	0	有效	2033-06-25
US9192119B2	2014W29099	2013-06-10	New soybean variety A1036554, useful for developing further soybean hybrids and varieties with desired traits, e.g. male sterility, herbicide tolerance, insect resistance, pest resistance, disease resistance, and abiotic stress resistance	2	50～60	0	有效	2034-01-15
US20140041075A1	2014C51881	2013-07-18	New recombinant soybean plant, seed, cell or plant part used for producing transgenic soybean plant or seed having resistance to dicamba herbicide used for producing commodity product e.g. oil, comprises specific nucleotide molecule	2	20～30	4	有效	2031-11-24

69

（续表）

专利号	DWPI入藏号	申请日期	专利名称	DWPI同族专利计数（件）	专利强度区间（分）	施引专利计数（件）	失效/有效	估计的截止日期
WO2009102873A1	2009M78074	2014-02-12	New DNA molecule, useful for producing a soybean plant or part and producing a soybean variety	23	60~70	3	有效	2029-02-12
US9719145B2	2014W40549	2014-06-12	New recombinant DNA molecule, useful for detecting a DNA segment diagnostic for soybean event MON87751 DNA, protecting a soybean plant from insect infestation, and producing an insect resistant soybean plant	22	60~70	0	有效	2035-08-11
WO2015179378A2	201574266W	2015-05-19	Creating a population of soybean plants with enhanced soybean cyst nematode resistance comprises detecting a genetic marker linked to a Soybean Cyst Nematode resistance locus in a population of soybean plants	6	10~20	0	有效	—
WO2016061391A2	201623562R	2015-10-15	New chimeric insecticidal protein useful for exhibiting insect inhibitory activity against Lepidoptera insect species e.g. Diatraea saccharalis, and producing commodity product e.g. flour, comprises specific amino acid sequence	30	60~70	3	有效	—
US9974266B2	201782637A	2016-06-07	New plant or seed of soybean variety 01059566, useful for e.g. producing soybean seed and plant with single locus conversion that confers trait e.g. male sterility, herbicide tolerance, disease resistance, and abiotic stress resistance	2	50~60	0	有效	2036-08-26

第 2 章　大豆分子育种全球专利态势分析

（续表）

专利号	DWPI入藏号	申请日期	专利名称	DWPI同族专利计数（件）	专利强度区间（分）	施引专利计数（件）	失效/有效	估计的截止日期
US10155960B2	2017145846	2016-08-25	New recombinant nucleic acid molecule useful for controlling pest e.g. Lepidopteran pest or pest infestation comprises heterologous promoter operably linked to polynucleotide segment encoding pesticidal protein or its fragment	19	50~60	0	有效	2036-08-25
US10201139B2	2019035104	2017-07-06	New plant of soybean variety 01068144, useful to produce e.g. soybean plants and seeds having single locus conversion that confers trait e.g. herbicide tolerance and pest resistance, and to produce commodity plant product e.g. oil	2	90~100	1	有效	2037-07-06
WO2018052919A1	201823204P	2017-09-13	Modifying plant genome involves providing first plant having genome editing component, crossing first plant with second plant, where genome editing component modifies genome of second plant by generating modified genome of second plant	6	70~80	4	有效	—
WO2019210100A1	201990407B	2019-04-25	Obtaining doubled haploid plant with selected genotype involves providing multiple of haploid kernels, determining genotype of haploid embryo of kernels, where determining involves distinguishing genotype of haploid embryo	1	0~10	0	有效	—

2.5 关键应用领域/技术领域分析

2.5.1 抗除草剂

2.5.1.1 专利数量年代趋势分析

全球大豆分子育种抗除草剂领域相关专利共 4745 项，图 2.21 显示了全球大豆分子育种抗除草剂领域相关专利数量年代趋势。从图 2.21 中可以看出，在大豆分子育种领域，抗除草剂相关专利最早出现于 1984 年，此后 12 年发展缓慢，1997 年专利数量达到 41 项，1998 年跃升至 94 项，随后 3 年出现持续下降，从 2002 年开始每年专利数量恢复至 100 项以上，并在 2006 年有了阶段性的上升，年专利数量超过 200 项。总体来看，抗除草剂大豆育种的研发正处于快速发展期。

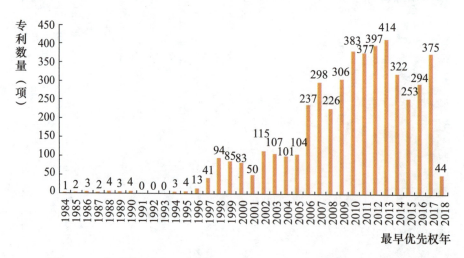

图 2.21　全球大豆分子育种抗除草剂领域相关专利数量年代趋势

2.5.1.2 产业主体分析

图 2.22 显示了全球大豆分子育种抗除草剂领域主要产业主体

分布。经过统计发现，TOP10 产业主体共产出专利 4465 项，占抗除草剂专利总量的 94.10%。其中，专利数量最多的是孟山都公司，共 2222 项专利，排名第二和第三的分别是杜邦公司和斯泰种业公司，专利数量分别为 1094 项和 714 项。北京大北农科技集团股份有限公司在抗除草剂领域有 16 项专利产出。

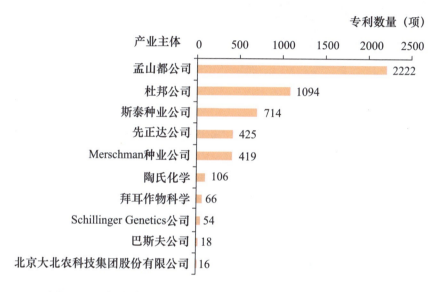

图 2.22　全球大豆分子育种抗除草剂领域主要产业主体分布

图 2.23 和图 2.24 为 1984—2018 年全球大豆分子育种抗除草剂领域主要产业主体专利数量年代趋势，从中可以看出各产业主体的专利数量趋势变化。

孟山都公司抗除草剂相关专利最早出现于 1985 年，共 2 项专利：专利号 US5188642A，涉及利用嵌合基因 contg 改造作物来选择性进行杂草控制；专利号 EP218571A，提及了插入编码 5-烯醇丙酮酸酯-3-磷酸合成酶多肽基因的抗草甘膦植物。孟山都公司除 1986 年、1991—1994 年无专利产出外，后续年份持续产出相关专利，1998 年出现申请小高峰（65 项）；到 2007 年，该公司在大豆

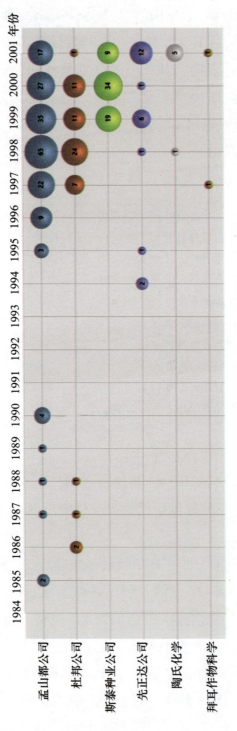

图 2.23 全球大豆分子育种抗除草剂领域主要产业主体专利数量年代趋势(年代跨度:1984—2001 年)(单位:项)

第 2 章 大豆分子育种全球专利态势分析

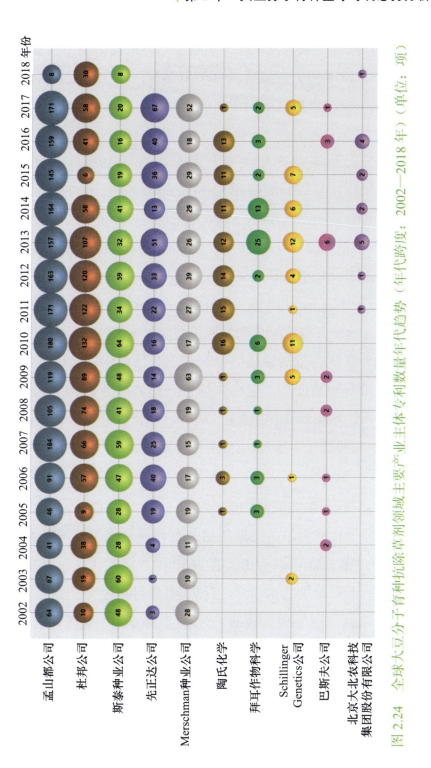

图 2.24 全球大豆分子育种抗除草剂领域主要产业主体专利数量年代趋势（年代跨度：2002—2018 年）（单位：项）

抗除草剂领域有了较大发展，专利数量达到最高数量184项，且后续年份（除2018年）一直保持年专利数量100项以上，并于2010年、2011年、2017年再次出现专利数量高峰，分别为180项、171项、171项。

杜邦公司抗除草剂相关专利最早出现于1986年，共2项专利：US5141870A "Conferring herbicide resistance on plants-using a nucleic acid fragment encoding a herbicide-resistant plant aceto：lactate synthase protein"和EP730030A1 "Prodn. of herbicide-resistant plants-using a nucleic acid fragment encoding an aceto：lactate synthase resistant to herbicides such as sulphonyl：urea"。1997年以前，杜邦公司在大豆分子育种抗除草剂领域仅有零星专利产出；到1997年，该公司在大豆抗除草剂领域的专利产出开始增加，此后至2010年专利数量虽有短暂波动，但总体呈上升趋势，且2010年专利数量增长迅速，达到高峰（132项）；随后，专利数量开始呈下降趋势，至2015年专利数量为6项，之后专利数量开始上升，年度专利数数量在30～58项。

2.5.1.3 专利来源国家/地区分布

大豆分子育种领域抗除草剂相关专利最早优先权国家/地区共14个，通过图2.25可以看出，有4610项专利的优先权国家/地区是美国，占专利总量的97.2%；有73项专利的优先权国家/地区是中国大陆地区，占专利总量的1.5%；其他国家/地区共有专利62项，占专利总量的1.3%。可见美国在大豆分子育种抗除草剂领域研发投入较大，成果产出多。

2.5.1.4 专利技术分类分析

图2.26显示了全球大豆分子育种领域抗除草剂专利主要技术分

布，可以看出，转基因技术相关专利数量最多，共 1252 项；排名第二的技术分类为分子标记辅助选择，相关专利 246 项；排名第三的技术分类为载体构建，相关专利 82 项。

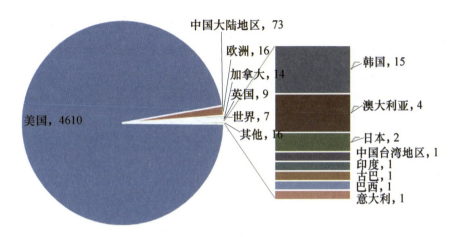

图 2.25　全球大豆分子育种抗除草剂领域专利来源国家/地区分析（单位：项）

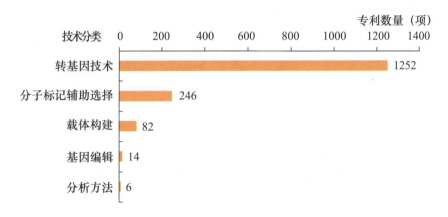

图 2.26　全球大豆分子育种抗除草剂领域专利主要技术分布

表 2.6 展示了全球大豆分子育种领域抗除草剂专利主要技术详细分析结果。可以看出，转基因技术、基因编辑和载体构建 3 个技术分类 2016—2018 年活跃度均较高，且转基因技术、载体构建相关研究发展较早，均始于 20 世纪 80 年代末；相较于其他技术分类，

基因编辑虽然研究起步最晚，但其2016—2018年活跃度在总体排名中位列第二，说明基因编辑是此段时期的热点研究领域。大豆抗除草剂应用育种在分子标记辅助选择和分析方法技术领域的研究则分别是1997年、1998年才开始。

表2.6 全球大豆分子育种领域抗除草剂专利主要技术详细分析

技术分类	专利数量（项）	年代跨度	2016—2018年专利数量占比	来源国家/地区（项）	主要产业主体
转基因技术	1252	1988—2018	31%	美国 [1215]；中国 [26]；加拿大 [7]	孟山都公司 [659]；杜邦公司 [328]；Merschman种业公司 [86]
分子标记辅助选择	246	1997—2018	4%	美国 [245]；中国 [1]	杜邦公司 [139]；斯泰种业公司 [51]；孟山都公司 [33]
载体构建	82	1989—2018	10%	美国 [63]；中国 [10]；世界知识产权组织 [4]	杜邦公司 [24]；孟山都公司 [9]；陶氏化学 [7]
基因编辑	14	2011—2017	29%	美国 [13]；英国 [1]	陶氏化学 [6]；杜邦公司 [4]；先正达公司 [2]
分析方法	6	1998—2008	0%	美国 [5]；世界知识产权组织 [1]	孟山都公司 [3]；普渡大学研究基金 [1]；密歇根州立大学 [1]；中国科学院遗传与发育生物学研究所 [1]

2.5.2 优质

2.5.2.1 专利数量年代趋势分析

全球大豆分子育种优质领域相关专利113项，图2.27显示了全球大豆分子育种优质领域专利数量年代趋势。从图 2.27 中可以看出，相关专利申请最早出现在 1991 年，此后发展一直比较缓慢，年度专利数量未超过 10 项。直到 2014 年专利数量有了小幅增长，2016 年专利数量最多（12 项）。

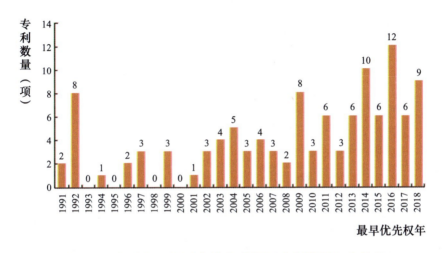

图 2.27　全球大豆分子育种优质领域专利数量年代趋势

2.5.2.2　产业主体分析

对 113 项全球大豆分子育种优质领域的专利进行产业主体的统计分析，可以了解该领域已在全球布局的机构情况，图 2.28 显示了全球大豆分子育种优质领域主要产业主体分布。经过统计发现，TOP10 机构共申请专利 62 项，占总专利数量的 54.87%。其中，专利数量最多的是杜邦公司，共 20 项专利，排名第二和第三的分别是孟山都公司和吉林省农业科学院，专利数量分别为 14 项和 6 项。

图 2.29 和图 2.30 为 1991—2018 年全球大豆分子育种优质领域主要产业主体专利数量年代趋势，从中可以看出各产业主体的专利数量年代变化。

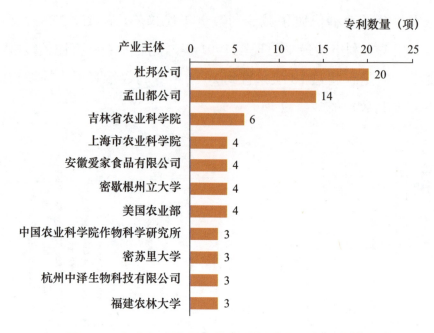

图 2.28　全球大豆分子育种优质领域主要产业主体分布

大豆育种领域最早产出的专利是杜邦公司于 1991 年申请的 WO9302196-A1，该专利编码了一种可以作为大豆遗传育种研究中 RFLP 标记的核酸片段，可以达到改变植物低聚糖含量的目的。1999 年，孟山都公司产出优质育种相关专利 WO2004001001-A2，利用一种重组核酸分子生产低亚麻酸、高油酸的大豆植株。

2.5.2.3　专利来源国家 / 地区分布

全球大豆分子育种优质领域专利来源国家 / 地区共 7 个，通过图 2.31 可以看出，大豆分子育种优质领域相关专利中，美国与中国的专利数量相当，分别是 54 项和 50 项，其他国家 / 地区在该领域的专利数量很少。

2.5.2.4　专利技术分类分析

图 2.32 为全球大豆分子育种优质领域专利主要技术分布，可以看出，用于优质育种的技术中分子标记辅助选择相关专利数量最

第 2 章 大豆分子育种全球专利态势分析

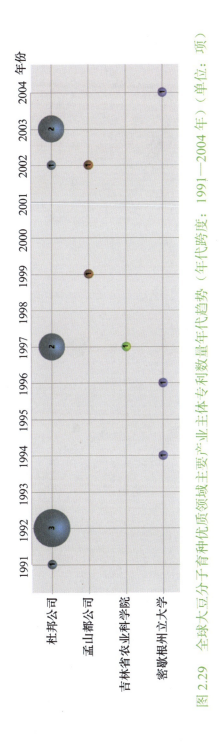

图 2.29 全球大豆分子育种优质领域主要产业主体专利数量年代趋势(年代跨度：1991—2004 年)(单位：项)

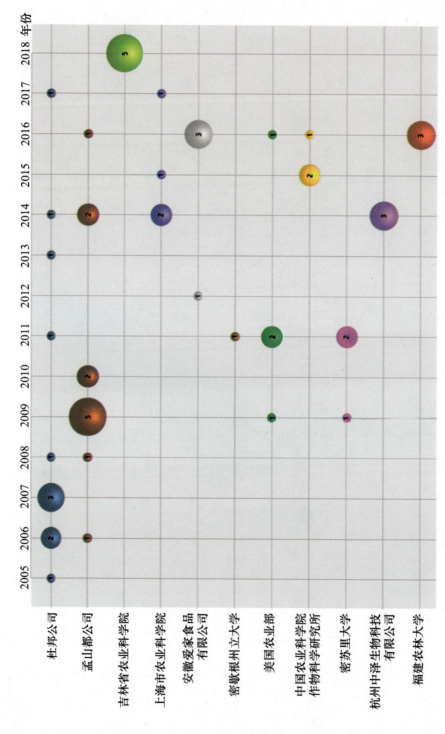

图 2.30 全球大豆分子育种优质领域主要产业主体专利数量年代趋势（年代跨度：2005—2018 年）（单位：项）

第 2 章　大豆分子育种全球专利态势分析

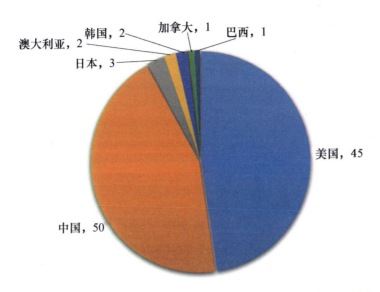

图 2.31　全球大豆分子育种优质领域专利来源国家/地区分析（单位：项）

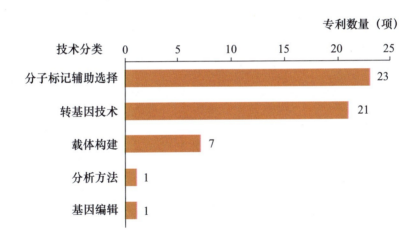

图 2.32　全球大豆分子育种优质领域专利主要技术分布

多，共 23 项；排名第二的技术分类为转基因技术，相关专利 21 项；排名第三的技术分类为载体构建，相关专利 7 项。

表 2.7 显示了全球大豆分子育种优质领域专利主要技术详细分析结果。可以看出，分子标记辅助选择领域产出专利最多，其次是

83

转基因技术；分子标记辅助选择和转基因技术 2016—2018 年专利产出活跃度高，仍为改良大豆品质的主要技术。

表 2.7　全球大豆分子育种优质领域专利主要技术详细分析

技术分类	专利数量（项）	年代跨度	2016—2018年专利数量占比	来源国家/地区	主要产业主体
分子标记辅助选择	23	1991—2018	43%	中国 [13]；美国 [9]	吉林省农业科学院 [5]；杜邦公司 [4]；东北农业大学[2]；中国农业科学院作物科学研究所[2]
转基因技术	21	1996—2018	29%	中国 [10]；美国 [10]	杜邦公司 [6]；吉林省农业科学院 [3]；孟山都公司 [3]
载体构建	7	1991—2011	0	美国 [6]	杜邦公司 [2]；巴斯夫公司 [2]；密歇根州立大学 [2]
分析方法	1	2002	0	美国 [1]	孟山都公司[1]
基因编辑	1	2016	100%	美国 [1]	美国农业部[1]

2.5.3　分子标记辅助选择育种

2.5.3.1　专利数量年代趋势分析

全球大豆分子育种技术中分子标记辅助选择的专利共 695 项，图 2.33 显示了全球大豆分子育种领域分子标记辅助选择育种技术专利数量年代趋势。从图 2.33 中可以看出，应用于分子标记辅助选择育种领域的大豆分子育种专利最早申请出现在 1990 年，此后几年发展缓慢，直至 1998 年开始有了大幅增长，并在 2000—2001 年、2012—2013 年出现专利数量的高峰。2014—2018 年分子标记辅助选择育种年均专利数量为 31～39 项。

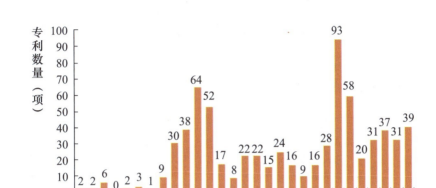

图 2.33　全球大豆分子育种领域分子标记辅助选择育种技术专利数量年代趋势

2.5.3.2　产业主体分析

对 695 项全球大豆分子标记辅助选择育种领域的专利进行产业主体的统计分析，可以了解该领域已在全球布局的机构情况。图 2.34 显示了全球大豆分子育种领域分子标记辅助选择育种技术主要产业主体分布。经过统计发现，TOP10 机构（共 12 个产业主体）共有专利 507 项（去重后数据），占总专利产出的 72.95%。其中，专利数量最多的是杜邦公司，共 227 项专利，排名第二和第三的分别是孟山都公司和斯泰种业公司，专利数量分别为 83 项和 67 项。中国农业科学院作物科学研究所在分子标记辅助选择育种领域有 32 项专利产出。

图 2.35 和图 2.36 为全球大豆分子育种领域分子标记辅助选择育种技术主要产业主体专利数量年代趋势，从中可以看出各产业主体的专利数量年代变化。

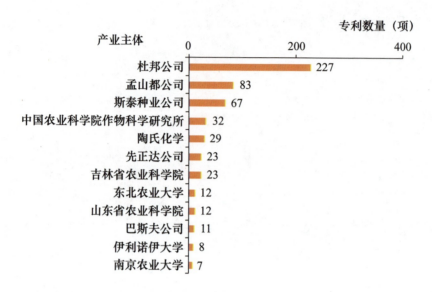

图 2.34　全球大豆分子育种领域分子标记辅助选择育种技术主要产业主体分布

杜邦公司第一项分子标记辅助选择育种相关专利出现于 1990 年，专利号为 WO9118985A，涉及编码大豆硬脂酰 -ACP 去饱和酶及其前体和嵌合基因的 DNA，用于植物转化和控制 satd 和食用油中的不饱和脂肪酸的水平；1990—2018 年，杜邦公司基本每年都有分子标记辅助选择育种领域的大豆分子育种专利产出，出现了两次专利申请高峰——1999 年（24 项）和 2012 年，其中 2012 年相关专利数量最多，达到了 68 项，2013 年为 48 项，随后年份持续产出相关专利，但专利数量均不超过 10 项 / 年。

孟山都公司第一项分子标记辅助选择育种相关专利出现于 1997 年，专利号为 US2004123339A1；孟山都公司从 1997 年至 2012 年，每年都有分子标记辅助选择育种领域的专利产出，发展较平稳，之后仅在 2016 年有 1 项专利申请；专利数量高峰出现在 2001 年，相关专利数量达到 21 项。

斯泰种业公司分子标记辅助选择育种相关专利最早出现于 1999

第 2 章 大豆分子育种全球专利态势分析

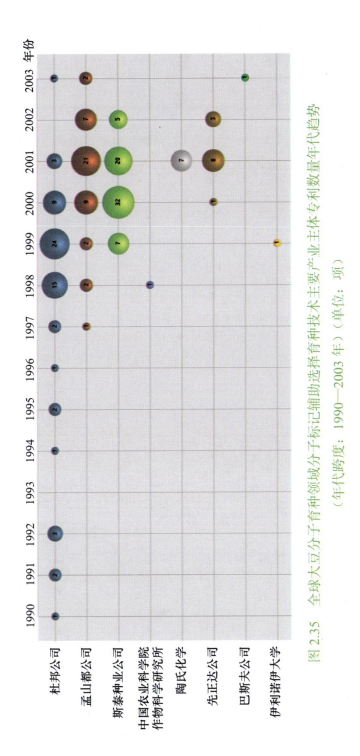

图 2.35 全球大豆分子育种领域分子标记辅助选择育种技术主要产业主体专利数量年代趋势
（年代跨度：1990—2003 年）（单位：项）

87

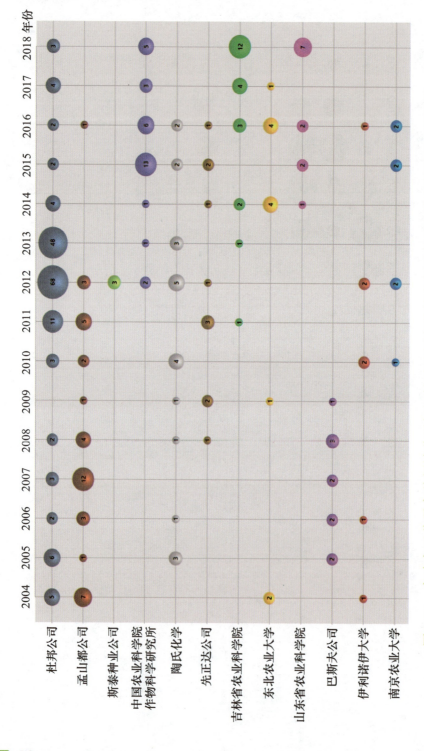

图 2.36 全球大豆分子育种领域分子标记辅助选择育种技术主要产业主体专利数量年代趋势
（年代跨度：2004—2018 年）（单位：项）

年，共计 7 项专利，2000 年相关专利数量跃升至 32 项，随后专利数量出现下降；2003—2018 年，除了 2012 年产出相关专利 3 项外，其他年份该公司在大豆分子育种领域分子标记辅助选择育种技术研究方面的专利数量为 0 项。

2.5.3.3 专利来源国家/地区分布

全球大豆分子育种领域分子标记辅助选择专利来源国家/地区共 15 个，如图 2.37 所示。从图 2.37 中可以看出，大豆分子标记辅助选择育种相关专利中，有 497 项专利的来源国家/地区是美国，占专利总量的 71.5%；有 146 项专利的来源国家/地区是中国，占专利总量的 21.0%；其他国家/地区共有专利 52 项，仅占专利总量的 7.5%。可见美国在大豆分子育种领域分子标记辅助选择方面的研究较多。

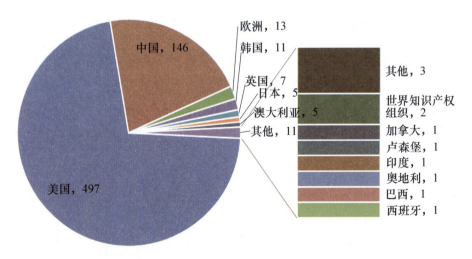

图 2.37 全球大豆分子育种领域分子标记辅助选择专利来源国家/地区分析（单位：项）

2.5.3.4 专利应用领域分析

图 2.38 为全球大豆分子育种领域分子标记辅助选择育种专利主

要应用分布,可以看出,抗虫应用领域相关专利数量最多,共266项;排名第二的应用领域为抗除草剂,相关专利246项;排名第三的应用领域为抗病,相关专利237项。其他应用领域的相关专利数量相对较少。

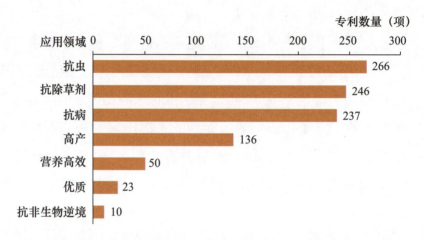

图 2.38　全球大豆分子育种领域分子标记辅助选择育种专利应用分布

表 2.8 显示了全球大豆分子育种领域分子标记辅助选择育种专利主要技术详细分析结果。可以看出,分子标记辅助选择在优质应用领域 2016—2018 年活跃度较高,这期间专利数量占比为 23%。大豆分子育种相关专利中,分子标记辅助选择 1991 年开始应用于优质领域,1994 年开始应用于抗病领域,1997 年开始应用于抗虫和抗除草剂领域,但直到 2000 年以后才开始应用于营养高效和抗非生物逆境领域,尤其是 2016 年才开始应用于抗非生物逆境领域(抗非生物逆境领域 2016—2018 年专利数量占比为 100%)。七大应用领域的主要产业主体基本都是杜邦公司、孟山都公司和斯泰种业公司。

第 2 章 大豆分子育种全球专利态势分析

表 2.8 全球大豆分子育种领域分子标记辅助选择育种专利主要技术详细分析

应用领域	专利数量（项）	年代跨度	2016—2018年专利数量占比	来源国家/地区	主要产业主体
抗虫	266	1997—2018	5%	美国 [259]; 澳大利亚 [4]; 中国 [2]	杜邦公司 [133]; 斯泰种业公司 [54]; 孟山都公司 [45]
抗除草剂	246	1997—2018	4%	美国 [245]; 中国 [1]	杜邦公司 [139]; 斯泰种业公司 [51]; 孟山都公司 [33]
抗病	237	1994—2018	6%	美国 [216]; 中国 [19]; 巴西 [1]; 韩国 [1]	杜邦公司 [141]; 孟山都公司 [25]; 斯泰种业公司 [19]
高产	136	1994—2018	12%	美国 [109]; 中国 [23]; 澳大利亚[3]	孟山都公司 [39]; 斯泰种业公司 [32]; 杜邦公司 [24]
优质	23	1991—2018	43%	中国 [25]; 美国 [56]; 韩国 [1]	吉林省农业科学院 [5]; 杜邦公司 [4]; 东北农业大学 [2]; 中国农业科学院作物科学研究所[2]
营养高效	50	2000—2017	6%	美国 [46]; 中国 [3]; 韩国 [1]	杜邦公司 [42]; 斯泰种业公司 [2]; 孟山都公司 [2]; 云南农业大学[2]
优质	23	1991—2018	43%	中国 [25]; 美国 [56]; 韩国 [1]	吉林省农业科学院 [5]; 杜邦公司 [4]; 东北农业大学[2]; 中国农业科学院作物科学研究所[2]
抗非生物逆境	10	2016—2018	100%	美国 [8]; 中国 [2]	杜邦公司 [7]; 中国农业科学院作物科学研究所 [1]; 先正达公司 [1]; 吉林省农业科学院 [1]

第3章 大豆分子育种中国专利态势分析

3.1 中国专利数量年代趋势

从大豆分子育种相关的全部专利中,筛选出最早优先权国为中国的专利858项,最早优先权年时间跨度为1997—2018年。图3.1为中国大豆分子育种专利数量年代趋势。从图3.1中可以看出,中国最早的大豆分子育种专利出现于1997年,共有1项专利。此后的2年间只有零星的专利,2000—2001年专利数量为0,2002年专利数量达到8项,此后该技术才有了持续增长的专利数量;从2009年起,专利数量有了大幅提升,并从此进入快速发展期;在这期间,

图3.1 中国大豆分子育种专利数量年代趋势

2014年专利数量大幅回落至53项，2015年专利数量回升至84项，2016年开始年专利数量突破100项，达到112项。

中国大豆分子育种相关的最早一项专利是吉林省农业科学院于1997年6月13日申请的，专利号为CN1173275A，专利名称是"细胞质雄性不育大豆及生产大豆杂交种的方法"。该专利内容提及了利用控制一个核恢复基因影响不育性以及生产大豆杂交种的方法。

图3.2为中国大豆分子育种专利技术生命周期图，将一年作为一个节点。从图3.2中可以看出，中国大豆分子育种技术从1997年有专利申请开始，经历了短暂的萌芽期（1997—2001年），随后进入初步发展期（2002—2008年），2009—2013年处于迅速成长期，专利数量与产业主体数量逐年稳定增加。随后该领域迎来了一次明显的衰退（2014年），2015年该领域迅速恢复且至今处于迅速成长期。2018年的专利数量数据不够完整，所以其曲线上的回落不代表技术衰退。

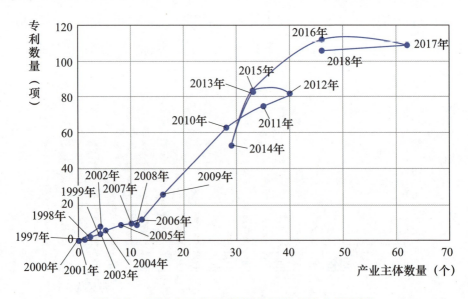

图3.2　中国大豆分子育种专利技术生命周期图

3.2 中国专利布局分析

通过分析中国产业主体在全球的专利布局情况,可以看出哪些国家/地区是中国重点关注的专利布局地。图 3.3 显示了中国在全球申请大豆分子育种相关专利的受理国家/地区分布。

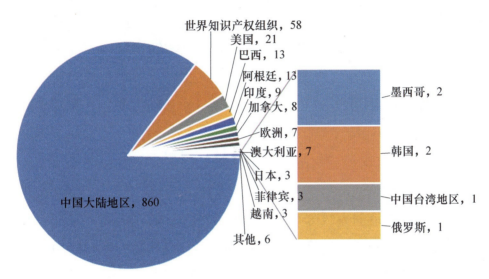

图 3.3 中国在全球申请大豆分子育种相关专利的受理
国家/地区分布(单位:件)

从图 3.3 中可以看出,中国产业主体除在本国申请了大量专利之外,还在世界知识产权组织申请专利 58 件,在美国申请专利 21 件,在巴西申请专利 13 件,在阿根廷申请专利 13 件,在印度申请专利 9 件,在加拿大申请专利 8 件,这些国家作为世界农业大国,既是中国在大豆分子育种领域的竞争对手,也是合作伙伴。虽然中国在这些国家/地区申请专利的数量还较少,但是我们也看到国内大豆分子育种领域的相关研究机构现在已经开始重视大豆分子育种在全球的专利布局和保护,并正在稳步推进中。

3.3 中国专利技术分析

通过分析各技术分支的专利数量年代趋势，可以看出中国在大豆分子育种领域技术的发展趋势和走向。图 3.4 展示了大豆分子育种中国专利技术年代趋势，表 3.1 则显示了中国大豆分子育种专利主要技术详细分析结果。可以看出，整体上各技术前期发展较缓慢，转基因技术、载体构建和分子标记辅助选择 3 个技术分支 2009—2018 年才开始快速发展，尤其是 2016—2018 年的活跃度较高；分析方法技术分支 2009—2018 年呈现波动性变化，最高专利数量出现在 2018 年；基因组选择技术分支在 2015 年之前只有零星的专利产出，2016 年专利数量开始快速提升，其在 2016—2018 年的活跃度最高。

在中国申请的大豆分子育种技术专利中，转基因技术是拥有专利数量最多的技术，共有专利 300 项，最早的两项专利分别由浙江省农业科学院、吉林省农业科学院在 1999 年申请，专利号分别为 CN1295130A 和 CN1251862A，分别涉及改变种子的蛋白质/脂肪酸组成，包括引入反义基因，以生产蛋白质/脂肪酸含量高的大豆或芝麻种子；大豆花粉管通道转基因及其品种改良技术。转基因技术自从 1999 年有专利产出后，一直缓慢发展，在 2002 年出现小幅增长，此后略有回落。从 2009 年开始进入快速发展期，在 2013 年达到专利数量高峰，有 36 项专利申请。该技术主要研究机构有吉林省农业科学院（37 项）、南京农业大学（34 项）、中国农业科学院作物科学研究所（29 项）等，其中吉林省农业科学院专利数量占该方向专利总量的 12.33%，TOP3 机构的专利数量比较相近。

专利数量排名第二的是载体构建，共有 210 项专利，从 2004

第 3 章 大豆分子育种中国专利态势分析

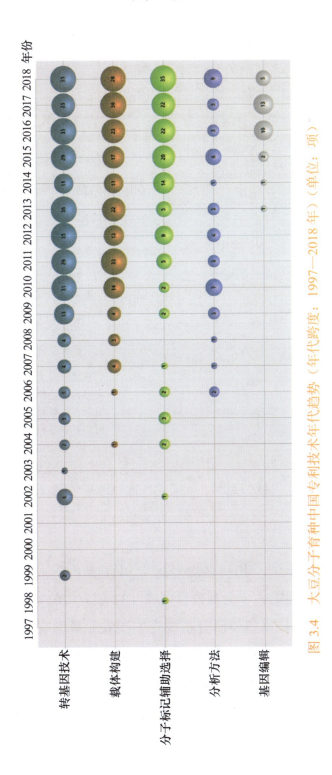

图 3.4 大豆分子育种中国专利技术年代趋势（年代跨度：1997—2018 年）（单位：项）

表 3.1　中国大豆分子育种专利主要技术详细分析

排名	技术分类	专利数量（项）	年代跨度	2016—2018年专利数量占比	主要产业主体
1	转基因技术	300	1999—2018	30%	吉林省农业科学院 [37]； 南京农业大学 [34]； 中国农业科学院作物科学研究所 [29]
2	载体构建	210	2004—2018	41%	中国农业科学院作物科学研究所 [17]； 南京农业大学 [16]； 中国科学院遗传与发育生物学研究所 [13]； 中国科学院植物研究所 [13]
3	分子标记辅助选择	146	1998—2018	54%	中国农业科学院作物科学研究所 [32]； 吉林省农业科学院 [23]； 东北农业大学 [12]； 山东省农业科学院 [12]
4	分析方法	46	2006—2018	33%	东北农业大学 [7]； 吉林省农业科学院 [3]； 山东省农业科学院 [3]； 河北省农林科学院 [3]； 黑龙江大学 [3]
5	基因编辑	32	2013—2018	88%	中国科学院遗传与发育生物学研究所 [7]； 北大未名生物工程集团有限公司 [6]； 杜邦公司 [6]

年开始有专利申请，其间多次经历专利数量上升、回落等发展阶段，2011 年达到第一个专利数量高峰（33 项），2017 年专利数量最多（36 项）。该技术主要研究机构有中国农业科学院作物科学研究所（17 项）、南京农业大学（16 项）、中国科学院遗传与发育生物学研究所（13 项）、中国科学院植物研究所（13 项）等，其中中国农业科学院作物科学研究所专利数量占该方向专利总量的 8.10%，TOP3 机构的专利数量比较相近。

专利数量排名第三的是分子标记辅助选择，共有 146 项专利，是中国在大豆分子育种领域最早开始有专利申请的技术方向。首个专利由中国农业科学院作物科学研究所在 1998 年申请，专利号为 CN1258746A，涉及大豆耐盐基因分子标记的鉴定及其应用。1999—2010 年有零星专利产出，部分年份专利数量为 0，一直到 2012 年出现一个小的专利数量高峰，有 9 项专利申请出现，随后又出现小幅回落，从 2014 年开始，专利数量呈现稳步上升趋势，最高专利数量出现在 2018 年，共计 35 项，可见分子标记辅助选择技术分支正处于快速发展时期。该技术的主要研究机构有中国农业科学院作物科学研究所（32 项）、吉林省农业科学院（23 项）、东北农业大学（12 项）、山东省农业科学院（12 项）等，其中中国农业科学院作物科学研究所专利数量占该方向专利总量的 21.92%，远高于其他机构。

专利数量排名第四的是分析方法，共有 46 项专利，从 2006 年开始有专利申请，之后几年陆续有部分专利产出，一直到 2010 年出现一个小的申请高峰，有 7 项专利出现，随后专利数量小幅回落、小幅涨幅交替出现；最高专利数量出现在 2018 年，共计 9 项，可见分析方法技术分支正处于快速发展时期。该技术的主要研究机构有东北农业大学（7 项）、吉林省农业科学院（3 项）、山东省农业科学院（3 项）、河北省农林科学院（3 项）、黑龙江大学（3 项）等，这几个机构的专利数量比较接近。

基因编辑在中国大豆分子育种领域出现得最晚，2013 年才开始产出专利 1 项，2016—2017 年专利数量开始快速提升，年度专利数量均超过 10 项。

3.4 中国专利主要产业主体分析

3.4.1 主要产业主体的专利数量年代趋势

中国大豆分子育种主要产业主体分布如图 3.5 所示，TOP10 机构专利数量为 443 项，占中国大豆分子育种专利数量的 51.63%。

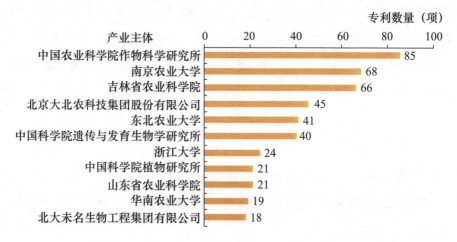

图 3.5 中国大豆分子育种主要产业主体分布

其中，专利数量在 50 项以上的有中国农业科学院作物科学研究所（85 项）、南京农业大学（68 项）、吉林省农业科学院（66 项）。

图 3.6 列出了中国大豆分子育种主要产业主体的专利数量年代趋势，表 3.2 则显示了中国主要产业主体活跃度情况。

中国农业科学院作物科学研究所专利数量最多，占中国大豆分子育种专利总量的 9.91%。从图 3.6 和表 3.2 中可以看出，该机构的第一项专利出现于 1998 年，此后 9 年（1999—2007 年）未有专利产出，2008—2009 年每年各有 1 项专利产出，大量的专利申请主要集中在 2010 年以后，且专利数量呈现折线型增长态势并伴随

第 3 章 大豆分子育种中国专利态势分析

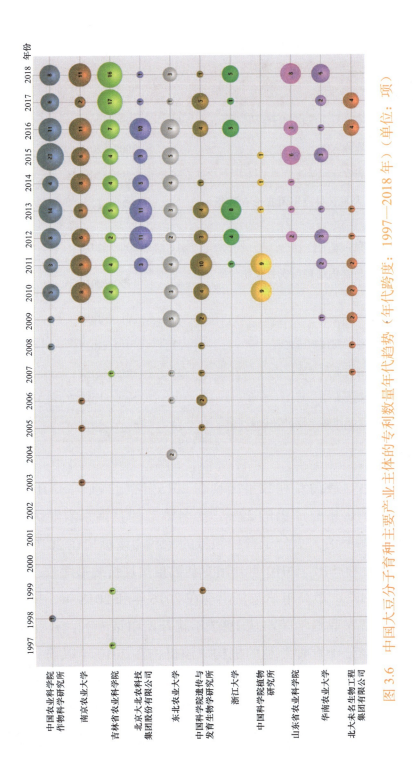

图 3.6 中国大豆分子育种主要产业主体的专利数量年代趋势（年代跨度：1997—2018 年）（单位：项）

表 3.2　中国主要产业主体活跃度情况

排名	产业主体	专利数量（项）	年代跨度	2016—2018年专利数量占比
1	中国农业科学院作物科学研究所	85	1998—2018	29%
2	南京农业大学	68	2003—2018	35%
3	吉林省农业科学院	66	1997—2018	61%
4	北京大北农科技集团股份有限公司	45	2011—2018	27%
5	东北农业大学	41	2004—2018	27%
6	中国科学院遗传与发育生物学研究所	40	1999—2018	25%
7	浙江大学	24	2011—2018	46%
8	中国科学院植物研究所	21	2010—2015	0%
8	山东省农业科学院	21	2012—2018	52%
9	华南农业大学	19	2009—2018	47%
10	北大未名生物工程集团有限公司	18	2007—2017	44%

着多次回落，最高专利数量出现在 2015 年（23 项）；2016—2018 年的专利产出占总产出的 29%。排名第二的是南京农业大学，从 2003 年开始申请大豆分子育种领域的专利，该机构在 2010 年以前只有零星专利产出，2010 年开始专利数量呈现折线型增长态势并伴随着多次回落，最高申请数量出现在 2016 年和 2018 年。排名第三的是吉林省农业科学院，从 1997 年就开始申请专利，这是国内最早申请大豆分子育种专利的机构，该机构在 2010 年以前只有 3 年各有 1 项专利申请，2010 年以后专利数量平稳上升并伴随着部分年份的小幅回落，最高申请量出现在 2017 年。吉林省农业科学院是 TOP10 机构中 2016—2018 年的专利产出占总产出比例最高的机构。

北京大北农科技集团股份有限公司、东北农业大学、中国科学院遗传与发育生物学研究所等其他机构的研究起点或早或晚，但都是在2010—2011年前后专利数量出现大的增长。

3.4.2 主要产业主体的专利技术分析

通过分析主要产业主体的专利技术分布情况，能更全面地了解各产业主体的主要研究方向，通过了解专利技术申请保护的国家/地区，能够对竞争对手的专利布局更加清晰，对自身未来研究技术的方向和如何进行专利布局有所启示。同时，因为申请国际专利保护需要花费较昂贵的费用，这些专利一定是该机构相关技术的核心专利。

图3.7为中国主要产业主体的技术布局，表3.3为中国主要产业主体技术详细分析。

可以看出，中国大豆分子育种领域的主要产业主体申请的专利都涉及2个及以上的技术分布，其中7个机构进行了PCT专利的申请，其他机构仅在中国申请了专利，说明中国机构已开始意识到全球知识产权保护的重要性，但重视程度不一。

中国农业科学院作物科学研究所在分子标记辅助选择、转基因技术两个技术方向上专利数量最多，分别占其全部专利数量的38%、34%，说明这是其最主要的研究方向，此外，载体构建也是该机构所关注的重点。该机构的一件重要专利于2010年2月5日在中国申请，2013年7月10日授权，专利号为CN102146124B，专利名称为"大豆GmFTL3蛋白和GmFTL5蛋白及其应用"；该专利在IncoPat数据库中的合享价值度为最高分10分，在智慧芽网站上的专利价值为120000美元。该机构的另一件重要专利于2010年4月27日在中国申请，2013年9月4日授权，专利号为

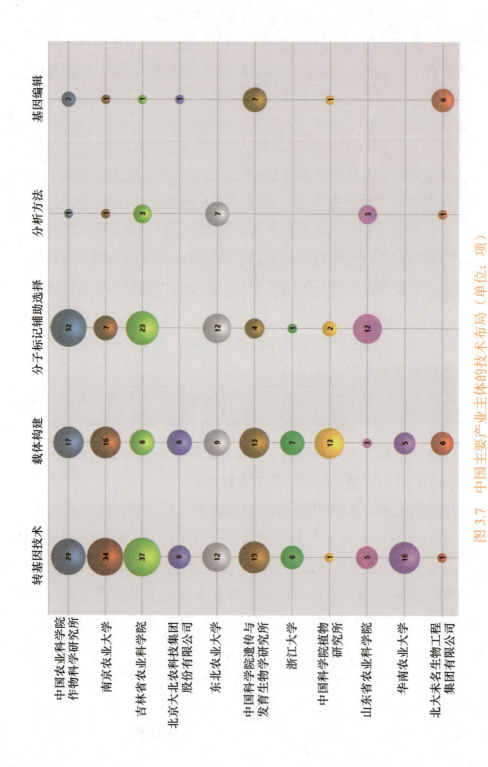

图 3.7 中国主要产业主体的技术布局（单位：项）

第 3 章 大豆分子育种中国专利态势分析

表 3.3 中国主要产业主体技术详细分析

排名	产业主体	专利数量（项）	年代跨度	主要流向国家/地区（件）	主要技术特长
1	中国农业科学院作物科学研究所	85	1998—2018	中国 [85]； 世界知识产权组织[2]； 巴西、阿根廷 [1]；	分子标记辅助选择 [32]； 转基因技术 [29]； 载体构建 [17]
2	南京农业大学	68	2003—2018	中国 [68]； 世界知识产权组织 [1]； 阿根廷 [1]	转基因技术 [34]； 载体构建 [16]； 分子标记辅助选择 [7]
3	吉林省农业科学院	66	1997—2018	中国 [51]； 世界知识产权组织 [1]； 巴西 [1]； 日本 [1]； 欧洲 [1]； 澳大利亚 [1]； 美国 [1]	转基因技术 [37]； 分子标记辅助选择 [23]； 载体构建 [8]
4	北京大北农科技集团股份有限公司	45	2011—2018	中国 [45]； 阿根廷 [10]； 世界知识产权组织 [9]	载体构建 [8]； 转基因技术 [6]
5	东北农业大学	41	2004—2018	中国 [41]；	转基因技术 [12]； 分子标记辅助选择 [12]； 载体构建 [9]
6	中国科学院遗传与发育生物学研究所	40	1999—2018	中国 [37]； 世界知识产权组织 [6]； 加拿大 [1]； 巴西 [1]； 澳大利亚 [1]； 美国 [1]； 阿根廷 [1]； 韩国 [1]	转基因技术 [15]； 载体构建 [13]； 基因编辑 [7]
7	浙江大学	24	2011—2018	中国 [24]	载体构建 [7]； 转基因技术 [6]

（续表）

排名	产业主体	专利数量（项）	年代跨度	主要流向国家/地区（件）	主要技术特长
8	中国科学院植物研究所	21	2010—2015	中国 [23]; 世界知识产权组织[2]; 美国 [2]	载体构建 [13]; 分子标记辅助选择 [2]
8	山东省农业科学院	21	2012—2018	中国 [21]	分子标记辅助选择 [12]; 转基因技术 [5]; 分析方法 [3]
9	华南农业大学	19	2009—2018	中国 [19]	转基因技术 [16]; 载体构建 [5]
10	北大未名生物工程集团有限公司	18	2007—2017	中国 [23]; 世界知识产权组织 [10]; 美国 [3]	载体构建 [6]; 基因编辑 [6]

CN102234323B，专利名称为"植物耐逆性相关蛋白 TaDREB3A 及其编码基因和应用"；该专利在 IncoPat 数据库中的合享价值度为 9 分（最高分 10 分），在智慧芽网站上的专利价值为 120000 美元。

南京农业大学在转基因技术方向专利数量最多，占其全部专利申请的 50%，说明这是其最主要的研究方向，第二、第三技术方向分别是载体构建和分子标记辅助选择。该机构的一件重要专利于 2014 年 9 月 15 日在中国申请，2017 年 1 月 18 日授权，专利号为 CN104212831B，提供一种包括有疫霉诱导性基因启动子的重组表达载体及该疫霉诱导性基因启动子和重组表达载体的应用，认为大豆的 GmaKSTI36 基因的启动子是病原诱导性启动子；该专利在 IncoPat 数据库中的合享价值度为 9 分（最高分 10 分），在智慧芽网站上的专利价值为 210000 美元。该机构的另一项重要专利是与北京大北农生物技术有限公司（北京大北农科技集团股份有限公司控股公司，本书中将北京大北农生物技术有限公司的专利合并到北京大北农科技集团股份有限公司）共同申请，已经在 4 个国家/地区（中国、世界知识产权组织、美国、阿根廷）申请专利，该专利的中国专利号为 CN105925590B，2016 年 6 月 18 日首先在中国申请，2019 年 5 月 17 日授权，专利名称为"除草剂抗性蛋白质、其编码基因及用途"，该专利在 IncoPat 数据库中的合享价值度为 10 分。

3.4.3 中国农业科学院作物科学研究所大豆分子育种专利核心技术发展路线

经检索，中国农业科学院作物科学研究所（以下简称作科所）在大豆分子育种领域申请专利数量共计 86 项，展开后同族专利数量 142 件。结合专利质量、专利价值、专利被引频次和同族专利数量等多个因素，筛选出作科所在大豆分子育种领域的重要专利若干，并在重要专利的基础上，通过专利的前后引证关系绘制出专利技术路线图。图 3.8 为作科所大豆分子育种专利核心技术发展路线图，揭示了作科所在大豆分子育种领域的核心技术发展方向，图中横轴为专利申请时间，专利按照申请先后时间排列，整体分为 4 个时间段；箭头指向的方向，代表该专利被后续专利所引用；图中黄色小格代表作科所所有的专利，其他颜色代表其他产业主体的专利；图中所列只是部分重要专利，并非作科所的全部专利；红色文字代表失效专利，蓝色文字代表作科所其他作物专利。表 3.4 为作科所大豆分子育种专利核心技术发展路线图的重要专利信息。

| 全球大豆分子育种技术发展态势研究 |

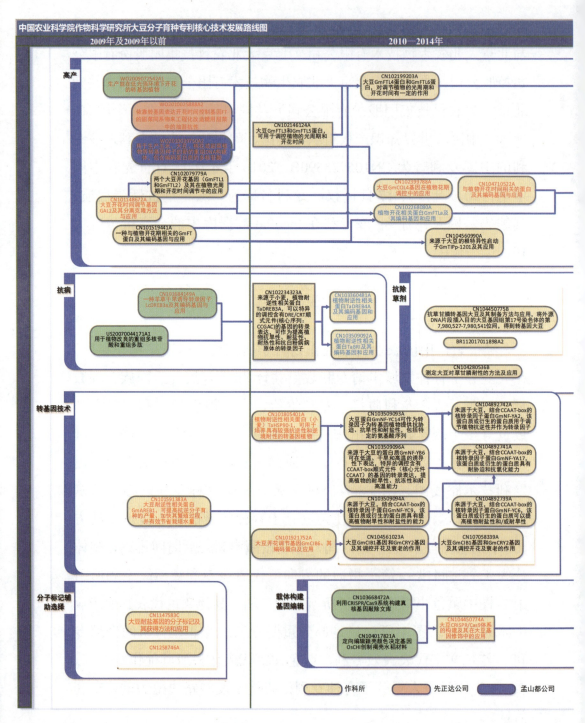

图 3.8 作科所大豆分子育种专利

第 3 章 大豆分子育种中国专利态势分析

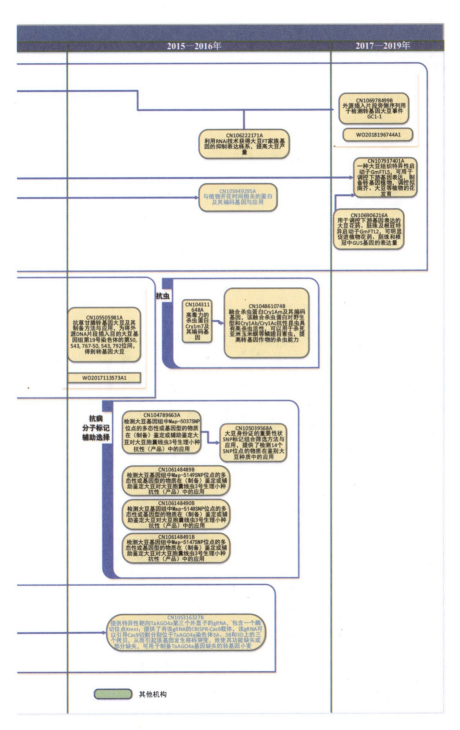

核心技术发展路线图

表 3.4　作科所大豆分子育种专利核心技术发展路线图的重要专利信息

专利号	DWPI入藏号	申请日期	专利名称	DWPI同族专利计数（件）	专利强度区间（分）	施引专利计数（件）	失效/有效	估计的截止日期	备注
CN104450774A	2015297155	2014-12-04	Constructing soybean CRISPR/Cas9 system useful in soybean gene modification comprises e.g. constructing cas9 pCambia3301 vector, constructing soybean-specific U6-10 promoter sgRNAs, designing core sequence, and carrying out digestion	1	40～50	24	失效	2018-01-30	
CN105316327B	2016126546	2015-11-03	New wheat gene TaAGO4a guide RNA, useful for producing Clustered regularly-interspaced short palindromic repeat (CRISPR)/CRISPR associated protein 9 vector and transgenic wheat plants	2	60～70	0	有效	2035-11-03	

(续表)

专利号	DWPI 入藏号	申请日期	专利名称	DWPI 同族专利计数（件）	专利强度区间（分）	施引专利计数（件）	失效/有效	估计的截止日期	备注
CN103668472A	2014J79552	2013-12-31	Constructing eukaryotic gene knockout library of clustered regularly interspaced short palindromic repeats (CRISPR)/Cas9 system, involves constructing eukaryotic cell lines, and constructing subgenomic (Sg) RNA plasma library	3	0~10	54	有效	2033-12-31	
CN104017821A	2014V38417	2014-05-16	Modifying glume shell color-determining gene OsCHI for creating brown rice shell material involves transferring rice OsCHI gene in vector; transferring the vector into cell to obtain rice seedling; followed by amplifying the clone genome	2	0~10	18	有效	2034-05-16	

（续表）

专利号	DWPI入藏号	申请日期	专利名称	DWPI同族专利计数（件）	专利强度区间（分）	施引专利计数（件）	失效/有效	估计的截止日期	备注
CN102234323A	2011Q06023	2010-04-27	New protein useful as a transcription factor for improving plant drought resistance, salt resistance, heat resistance and resistance against powdery mildew pathogens	2	0~10	12	有效	2030-04-27	
			New stress tolerance related						
CN103360481A	2014A27463	2012-04-05	protein TaDREB4A, useful for cultivating a transgenic plant with stress tolerance	2	0~10	0	有效	2032-04-05	
CN103509092A	2014E81562	2012-06-15	New protein useful for improving stress tolerance e.g. drought resistance, salt resistance, high temperature resistance and/or low temperature resistance of plant and producing transgenic plant, comprises specific amino acid sequence	2	0~10	0	有效	2032-06-15	

第3章 大豆分子育种中国专利态势分析

（续表）

专利号	DWPI入藏号	申请日期	专利名称	DWPI同族专利计数（件）	专利强度区间（分）	施引专利计数（件）	失效/有效	估计的截止日期	备注
CN101684149A	2010E06765	2008-09-24	New transcription factor useful for augmenting whole length or any one segment of a gene, and for culturing transgenic plant for improving resistance, where the resistance is the resistance to low temperature, high salt, or drought	2	0~10	6	失效	2016-11-09	
US20070044171A1	2007372382	2003-11-06	New recombinant polynucleotide, useful in improving plant cold, heat, drought or herbicide tolerance or tolerance to extreme osmotic conditions, or to pathogens or pests, or in manipulating growth rate in plant cells	2	50~60	317	有效	2022-12-03	

（续表）

专利号	DWPI 入藏号	申请日期	专利名称	DWPI同族专利计数（件）	专利强度区间（分）	施引专利计数（件）	失效/有效	估计的截止日期	备注
CN104789663A	201555342P	2015-04-01	Use of polymorphism substances or genotypic substances detecting Map-5037single nucleotide polymorphism sites in soybean gene group in identification or assisting in identification of resistance of soybean cyst nematode based on SNP	2	0~10	4	有效	2035-04-01	
CN105039568A	201701557K	2015-08-25	Use of single-nucleotide polymorphism sites, for identifying and/or differentiating soybean germplasm of large soybean varieties e.g. Jinong 13, small soybean varieties e.g. Zhongdou 33 and large soybean varieties e.g. Zhongdou 24	2	0~10	1	有效	2035-08-25	

（续表）

专利号	DWPI 入藏号	申请日期	专利名称	DWPI 同族专利计数（件）	专利强度区间（分）	施引专利计数（件）	失效/有效	估计的截止日期	备注
CN106148489B	201674897X	2015-04-01	Use of substance for detecting soybean genome Map-5149 single-nucleotide polymorphism for preparing product for e.g. identifying soybean resistance to cyst nematode, and screening of disease resistant soybean product	2	40~50	0	有效	2035-04-01	
CN106148490B	201674897W	2015-04-01	Use of Map-5148SNP site for detecting polymorphism in soybean genome for identification or assisting in identification of soybean having resistance to soybean cyst nematode	2	50~60	0	有效	2035-04-01	

(续表)

专利号	DWPI 入藏号	申请日期	专利名称	DWPI同族专利计数（件）	专利强度区间（分）	施引专利计数（件）	失效/有效	估计的截止日期	备注
CN106148491B	201674897V	2015-04-01	Use of detection of polymorphism or genotype of map-5147SNP locus in soybean genome, for identifying or assisting identification soybean cyst nematode resistant soybean	2	50~60	0	有效	2035-04-01	
CN102146124A	2011L10953	2010-02-05	New soybean GmFTL3 and GmFTL5 proteins, useful for regulating plant photoperiod and flowering time	2	0~10	9	有效	2030-02-05	CN102146124B 专利强度区间（分）为 70~80
CN102199203A	2011N72029	2010-03-25	New soybean Glycine max flower locus and terminal flower1-like4 protein and Glycine max flower locus and terminal flower1-like6 protein, useful for regulating the photoperiod and flowering time of plants	2	0~10	3	有效	2030-03-25	

（续表）

专利号	DWPI入藏号	申请日期	专利名称	DWPI同族专利计数（件）	专利强度区间（分）	施引专利计数（件）	失效/有效	估计的截止日期	备注
CN106978499B	2017529844	2017-04-26	New exogenous flanking sequence useful for detecting the transgenic soybean Glycine max GC1-1	3	0~10	0	有效	2037-04-26	
WO2018196744A1	2017529844	2018-04-24	New exogenous flanking sequence useful for detecting the transgenic soybean Glycine max GC1-1	3	0~10	0	有效	—	
CN106222171A	201680240X	2016-08-08	Nucleotide sequence used in biomaterial or RNA sequence for delaying plant flowering and increasing soybean plant yield, is transcribed to obtain RNA molecule, which is capable of inhibiting expression of six genes of plant FT family	1	10~20	3	有效	—	

第3章 大豆分子育种中国专利态势分析

117

（续表）

专利号	DWPI入藏号	申请日期	专利名称	DWPI同族专利计数（件）	专利强度区间（分）	施引专利计数（件）	失效/有效	估计的截止日期	备注
CN107937401A	2018327342	2017-12-22	New soybean tissue specific promoter Glycine max flowering locus T-like protein-5, useful in regulating downstream gene expression, preparing a transgenic plant and regulating flower development in plants including Arabidopsis and soybean	1	0~10	0	有效	—	
CN106906216A	2017466609K	2017-02-24	Promoter GmFTL2 used for regulating downstream gene expression, is specific for soybean anther, ovule and root, and comprises nine thousand nine hundred seventy-eight nucleobases, or nucleobases having substitution of nucleobases	1	10~20	1	有效	—	

第3章　大豆分子育种中国专利态势分析

（续表）

专利号	DWPI入藏号	申请日期	专利名称	DWPI同族专利计数（件）	专利强度区间（分）	施引专利数（件）	失效/有效	估计的截止日期	备注
CN102079779A	2011H92464	2009-11-26	New soybean GmFTL1 protein, useful for regulating plant photoperiod, flowering time, promoting the plants to blossom, shortening blossoming time and breeding period	2	0~10	4	有效	2029-11-26	
CN101148672A	2008G72926	2006-09-19	New adjusting gene of the abloom time of the soja, useful for breeding plant, preferably soja or mouse earcress	1	20~30	11	失效	2010-03-10	
CN101519441A	2009N52876	2008-02-28	Novel protein useful for generating transgenic plant, e.g. dicotyledon, including soybean or Arabidopsis with advanced abloom period	2	0~10	5	有效	2028-02-28	

119

(续表)

专利号	DWPI入藏号	申请日期	专利名称	DWPI同族专利计数（件）	专利强度区间（分）	施引专利计数（件）	失效/有效	估计的截止日期	备注
CN104560990A	2015400057	2013-10-09	New DNA fragment useful for expressing target gene in plant, preferably dicot plant (Arabidopsis or soybean), or monocot plant for providing stress resistance to plant, comprises specific base pair sequence	2	0~10	0	有效	2033-10-09	
CN102399788A	2012E34407	2010-09-07	Use of soybean GmCOL4 gene for plant flowering phase regulation and control	1	0~10	1	失效	2014-10-08	
CN102268080A	2011Q88379	2010-06-02	New protein related to plant blooming, useful for plant breeding such as culturing transgenic plant with an earlier blooming period	2	0~10	5	有效	2030-06-02	

（续表）

专利号	DWPI入藏号	申请日期	专利名称	DWPI同族专利计数（件）	专利强度区间（分）	施引专利计数（件）	失效/有效	估计的截止日期	备注
CN105949295A	201662916A	2016-07-15	New protein useful for regulating flowering period of a plant, promoting flowering of a plant in advance, regulating the flowering time of the plant, or promoting the flowering time of the plant in advance	2	0～10	1	有效	2036-07-15	
CN104710522A	201549057W	2014-12-09	New protein useful for promoting earlier flowering of plants and producing transgenic plant having earlier flowering ability, comprises specific amino acid sequence	1	20～30	4	失效	2018-09-28	
WO2009072542A1	2009K28762	2008-12-04	Producing transgenic plant e.g. torenia, Petunia, Nierembergia, rose or carnation capable of flowering at low light intensity environment, involves introducing flowering locus T gene into phanerogam	6	0～10	2	失效	—	

（续表）

专利号	DWPI 入藏号	申请日期	专利名称	DWPI同族专利计数（件）	专利强度区间（分）	施引专利计数（件）	失效/有效	估计的截止日期	备注
WO2010025888A2	2010C64529	2009-09-01	New isolated nucleic acid molecule for transformation of sugar beet plant cell, has specific sequence identity to, or hybridizes with genomic/coding nucleic acid sequence of sugar beet fructosyltransferase gene	13	60～70	13	失效	—	
WO2010039750A2	2010E00685	2009-09-30	New recombinant DNA construct useful for producing transgenic seed e.g. corn, soybean, cotton or sugar beet plant, comprises polynucleotide encoding protein	5	40～50	57	失效	—	
CN104280536B	2015168975	2014-08-19	Determining glyphosate tolerant soybean plants, involves adding glyphosate liquid or diluted glyphosate liquid to tissue of test soybean plants	2	20～30	0	有效	2034-08-19	

第 3 章 大豆分子育种中国专利态势分析

（续表）

专利号	DWPI 入藏号	申请日期	专利名称	DWPI 同族专利计数（件）	专利强度区间（分）	施引专利计数（件）	失效/有效	估计的截止日期	备注
CN104450775B	2015297154	2014-12-04	Cultivating transgenic soybean comprises inserting exogenous DNA fragment in soybean genome 17th chromosome of 7, 980, 527-7, 980, 541 position, replacing 17 chromosome number to obtain transgenic soybean	5	40～50	0	有效	2034-12-04	
BR112017011898A2	2015297154	2015-12-03	Cultivating transgenic soybean comprises inserting exogenous DNA fragment in soybean genome 17th chromosome of 7, 980, 527-7, 980, 541 position, replacing 17 chromosome number to obtain transgenic soybean	5	10～20	0	未定	—	
CN105505981B	201627433V	2015-12-30	Producing genetically modified soybean having glyphosate resistance, by inserting exogenous DNA fragment at specific position of target soybean genome and substituting specific base pair sequence at specific position	4	50～60	0	有效	2035-12-30	

123

（续表）

专利号	DWPI入藏号	申请日期	专利名称	DWPI同族专利计数（件）	专利强度区间（分）	施引专利计数（件）	失效/有效	估计的截止日期	备注
WO2017113573A1	201627433V	2016-05-23	Producing genetically modified soybean having glyphosate resistance, by inserting exogenous DNA fragment at specific position of target soybean genome and substituting specific base pair sequence at specific position	4	0～10	0	未定	—	
CN103509093A	2014E81561	2012-06-25	New Glycine max NF-YC14 protein useful as transcription factor for providing transgenic plant against stress tolerance, drought resistance and salt tolerance, comprises specific amino acid sequence	2	0～10	5	有效	2032-06-25	
CN104892742A	2015655703	2014-03-05	Protein is made up of amino acid sequence or substituted, deleted or added amino acid sequence associated with plant stress tolerance and derived protein used for regulating plant stress tolerance and as transcription factor	2	0～10	0	有效	2034-03-05	

第3章 大豆分子育种中国专利态势分析

（续表）

专利号	DWPI 入藏号	申请日期	专利名称	DWPI 同族专利计数（件）	专利强度区间（分）	施引专利计数（件）	失效/有效	估计的截止日期	备注
CN104892741A	201565540F	2014-03-05	New protein used for producing transgenic plant, preferably dicotyledon such as Arabidopsis thaliana or monocotyledon having stress tolerance and oxidation resistance, and as transcription factor	2	0~10	3	有效	2034-03-05	
CN103509096A	2014E81558	2012-06-27	New protein useful for improving stress tolerance e.g. drought resistance, freezing resistance and/or high temperature, in plant e.g. dicot, comprises specific amino acid sequence	2	0~10	4	有效	2032-06-27	
CN103509094A	2014E81560	2012-06-25	New Glycine max NF-YC9 protein useful as transcription factor for providing transgenic plant against stress tolerance, drought resistance and salt tolerance, comprises specific amino acid sequence	2	0~10	4	有效	2032-06-25	

125

(续表)

专利号	DWPI入藏号	申请日期	专利名称	DWPI同族专利计数（件）	专利强度区间（分）	施引专利计数（件）	失效/有效	估计的截止日期	备注
CN104892739A	201565540G	2014-03-05	New protein used for producing transgenic plant, preferably dicotyledon such as Arabidopsis thaliana or monocotyledon having stress tolerance, and as transcription factor	2	0~10	0	有效	2034-03-05	
CN101591383A	2009S26055	2008-05-27	New protein which improves yield and acceleration of breeding process of stress-resistant molecule and effectively saves water source useful, for culturing stress tolerant plant	1	50~60	22	失效	2012-07-11	
CN104561023A	201540004B	2013-10-12	New Glycine max calcium and integrin binding 1 or Glycine max Cryptochrome circadian clock 2 gene useful for producing transgenic plant with improved leaf senescence and flowering property	2	0~10	1	有效	2033-10-12	CN104561023B 专利强度区间（分）为50~60

第3章 大豆分子育种中国专利态势分析

(续表)

专利号	DWPI 入藏号	申请日期	专利名称	DWPI同族专利计数(件)	专利强度区间(分)	施引专利计数(件)	失效/有效	估计的截止日期	备注
CN101921752A	2011A91095	2010-07-29	New GmCIB6 gene useful for expanding flowering and regulating photoperiod of soybean and Arabidopsis, comprises positive and negative primer	2	0~10	2	失效	2015-09-23	
CN107058339A	2017S82222S	2013-10-12	Use of isolated gene e.g. Glycine max cryptochrome circadian clock 2 gene, and calcium and integrin binding 1 gene for regulating leaf senescence and flowering of e.g. Arabidopsis and soybean, comprises specific base pair sequence	1	30~40	0	有效	—	
CN101805401A	2010L39159	2010-04-27	New protein Triticum aestivum heat shock protein (TaHSP)90-1 correlated to plant stress tolerance, useful for culturing transgene plant with strong stress resistance and stress tolerance	1	30~40	14	失效	2013-11-06	

(续表)

专利号	DWPI入藏号	申请日期	专利名称	DWPI同族专利计数（件）	专利强度区间（分）	施引专利计数（件）	失效/有效	估计的截止日期	备注
CN104861074B	2015616666H	2015-04-14	New fused protein Cry1Am useful e.g. for improving insect resistance, preferably Lepidoptera pests, namely Asian corn borer, cotton bollworm and armyworm in plants, preferably corn, rice, cotton, soybeans or sorghum	2	50~60	0	有效	2035-04-14	
CN104311648A	2015188346	2014-10-29	New insecticidal protein Cry1m7 useful for improving insect-resistance ability in plants	2	0~10	5	有效	2034-10-29	
CN1147583C	2000594810	1998-12-30	Identification of the molecular marker of soybean salt-tolerance gene and its application	2	20~30	0	失效	2008-02-27	
CN1258746A	2000594810	1998-12-30	Identification of the molecular marker of soybean salt-tolerance gene and its application	2	0~10	5	失效	2008-02-27	

作科所从 1998 年开始申请相关专利，共涉及 2 件专利，属于同一个专利家族，且均属于分子标记辅助选择育种技术，专利号分别为 CN1258746A（大豆耐盐基因的分子标记及其获得方法和应用）和 CN1147583C（大豆耐盐基因的分子标记及其获得方法和应用），均因未缴纳年费而失效。

在大豆高产方面，作科所于 2010 年年初申请了 1 件专利，该专利于 2011 年公开，2013 年被授权，专利号为 CN102146124A，此专利公开了一种大豆 GmFTL3 和 GmFTL5 蛋白，可用于调控植物的光周期和开花时间。之后，作科所在此专利的基础上陆续申请了多件重要专利，包括 5 件施引专利。其中，2010 年申请的 CN102199203A 继续开展大豆 GmFTL4 蛋白和 GmFTL6 蛋白的研究，认为这两种蛋白对调节植物的光周期和开花时间有一定的作用；2017—2018 年申请的 CN106978499A、CN106978499B 和 WO2018196744A1（审查中）将外源插入片段旁侧序列用于检测转基因大豆事件 GC1-1；2017 年年底申请的 CN107937401A 公开了一种可用于调控下游基因表达的大豆组织特异性启动子 GmFTL5，可用于制备转基因植物以及调控拟南芥、大豆等植物的花发育。从专利被引情况可以看出，CN102199203A 的技术起源可以追溯至作科所 2008 年申请的专利 CN101519441A（一种与植物开花期相关的 GmFT 蛋白及其编码基因与应用）、2009 年申请的专利 CN102079779A（大豆 GmFTL1 蛋白和 GmFTL2 蛋白及其应用）。

在抗病方面，作科所于 2010 年年初申请了 1 件专利，该专利于 2011 年公开，2013 年被授权，专利号为 CN102234323A，此专利公开了一种来源于小麦的植物耐逆性相关蛋白 TaDREB3A 及其编码基因和应用，可以特异地调控含有 DRE/CRT 顺式元件（核心序列：CCGAC）的基因的转录表达，可作为提高植物抗旱性、耐盐性、耐热性和抗白粉病病原体的转录因子。之后，作科所在此专利的基础上陆续申请了 6 件专利，作物品种已不局限于大豆，主要涉及植物耐逆性相关蛋白 TaDREB4A、TaBRI 及其编码基因和应用，以及评价转 GmDREB1 抗逆小麦非预期效应的方法等内容。

在抗除草剂方面，作科所于 2014 年年中申请了 1 件专利，该专利于 2015 年公开，2016 年被授权，专利号为 CN104280536B，此专利公开了一种测定大豆对草甘膦耐性的方法。此外，作科所 2014 年年底申请了另一件专利，该专利于 2015 年公开，2018 年被授权，专利号为 CN104450775B，此专利提供了一种培育转基因大豆的方法，将外源 DNA 片段插入目的大豆基因组第 17 号染色体的第 7980527～7980541 位间，得到转基因大豆；之后，作科所在此专利的基础上陆续申请了 3 件同族专利（专利号为 WO2016086884A1、BRPI1711 898A2、ZA201608507A）。作科所于 2015 年年底申请了另一件专利，该专利于 2016 年公开，2018 年被授权，专利号为 CN105505981A，此专利提供了一种培育转基因大豆的方法，为将外源 DNA 片段插入目的大豆基因组第 19 号染色体的第 50543767～50543792 位间，得到转基因大豆；之后，作科所在此专利的基础上陆续申请了 2 件同族专利（专利号为 WO2017113573A1、AR107260A1）。

在抗虫方面，作科所于 2014 年年中申请了 1 件专利，该专利于 2015 年公开，2018 年被授权，专利号为 CN104861074B，此专利涉及一种融合杀虫蛋白 Cry1Am 及其编码基因，该融合杀虫蛋白对野生型和 Cry1Ab/Cry1Ac 抗性昆虫具有高杀虫活性，可以用于杀死亚洲玉米螟等鳞翅目害虫，从而提高转基因作物的杀虫能力。

在转基因技术方面，作科所于 2012 年申请了 2 件专利。其中一件专利的专利号为 CN103509094A，该专利于 2014 年公开，2015

年被授权，此专利涉及植物耐逆性相关蛋白GmNF-YC9及其编码基因与应用，结合CCAAT-box的核转录因子蛋白GmNF-YC9来源于大豆，该蛋白质或衍生的蛋白质具有提高植物耐旱性和耐盐性的能力；具体实验中，将序列表序列2中第34~897位核苷酸序列所示DNA分子的重组表达载体pBI121-GmNF-YC9转化拟南芥得到的T3代纯合转基因植株，在耐旱性实验中的存活率为90.2%（野生型植株和转空载体植株的存活率分别为27.2%和28.4%），在耐盐萌发率实验中的萌发率为90.4%（野生型植株和转空载体植株的萌发率分别为65.8%和66.2%）。之后，作科所在此专利的基础上陆续申请了4件专利，专利号分别为：CN104892739A（植物耐逆性相关蛋白GmNF-YC6及其编码基因和应用）和CN104892739B、CN104892741A（植物耐逆性相关蛋白GmNF-YA17及其编码基因和应用）、CN104892741B。另一件专利的专利号为CN103509093A，该专利于2014年公开，2015年被授权，此专利涉及植物耐逆性相关蛋白GmNF-YC14及其编码基因与应用，结合CCAAT-box的核转录因子蛋白GmNF-YC14来源于大豆，该蛋白质或衍生的蛋白质具有提高植物耐旱性和耐盐性的能力；具体实验中，将序列表序列2中第21~521位核苷酸序列所示的GmNF-YC14基因的重组表达载体pAHCPSK-GmNF-YC14转化拟南芥得到的T3代纯合转基因植株，在耐旱性实验中的存活率为84.6%~86.4%（野生型植株和转空载体植株的存活率分别为47.6%和46.2%）；在耐盐性实验中的存活率为86.8%~88.1%（野生型植株和转空载体植株的存活率分别为43.6%和42.4%）。之后，作科所在此专利的基础上陆续申请了4件专利，专利号分别为：CN104892741A、CN104892741B、CN104892742A（植物耐逆性相关蛋白GmNF-YA2及其编码基因和应用）、CN104892742B。从专利被引情况可以看出，CN103509093A、CN103509094A 的技术起源可以追溯至作科所 2008 年申请的专利 CN101591383A（一种植物耐逆性相关蛋白及其编码基因与应用，已失效）、2010 年申请的专利 CN101805401A（植物耐逆性相关蛋白 TaHSP90-1 及其编码基因和应用，已失效）。2013 年，作科所申请了 2 件专利，属于同一个专利家族，可归入转基因技术育种领域，其中专利 CN104561023A 于 2015 年公开，2018 年被授权，此专利涉及大豆 GmCIB1 基因和 GmCRY2 基因（包含 GmCRY2 基因的 DNA 分子、载体、GmCRY2 基因编码的蛋白质及相关的转化细胞和转基因植物），及其调控开花及衰老的用途，以及培育相关转基因植物的方法；专利 CN107058339A 于 2017 年公开并进入实质审查阶段。

在分子标记辅助选择方面，作科所于 2015 年申请了 4 件专利，均为高质量专利，专利号分别为：CN104789663A、CN106148489B、CN106148490B、CN106148491B，分别涉及检测大豆基因组中 Map-5037SNP、Map-5149SNP、Map-5148SNP、Map-5147SNP 位点的多态性或基因型的物质在（制备）鉴定或辅助鉴定大豆对大豆胞囊线虫 3 号生理小种抗性（产品）中的应用。作科所在专利 CN104789663A 的基础上，申请了 1 件专利（专利号为 CN105039568A），涉及检测 14 个 SNP 位点的物质在鉴别大豆种质中的应用方法。

在基因编辑、载体构建方面，作科所于 2014 年年底申请了一件专利，专利号为 CN104450774A，该专利于 2015 年公开，现已失效；此专利涉及一种大豆 CRISPR/Cas9 体系的构建及其在大豆基因修饰中的应用，具体步骤是根据目的基因设计核心序列，将核心序列构建入带有 Cas9 的表达载体中；通过该体系中的核心序列对目的基因进行识别，再用 Cas9 对目的基因进行剪切，生物体在对断链进行修复的过程中会产生各种突变。之后,作科所在此专利的基础上申请了 2 件专利——小麦 TaAGO4a 基因 CRISPR/Cas9 载体及其应用,专利号为 CN105316327A 和 CN105316327B。

综上所述,作科所的第一件专利出现于 1998 年,大量的专利申请主要集中在 2010 年以后;这些重要专利涵盖高产、抗病、抗除草剂、抗虫等应用领域,以及转基因技术、分子标记辅助选择、载体构建和基因编辑等技术领域,可见其涉及领域多样,但专利布局相对狭窄;2014 年以后,作科所加强了专利的全球战略布局,在世界知识产权组织、美国、阿根廷、巴西等国家/地区申请了多件同族专利,以寻求在其他国家/地区的大豆分子育种领域的相关知识产权保护。

第 4 章
大豆分子育种全球技术研发竞争力分析

本章对比了近十年（2009—2018 年）全球大豆分子育种专利主要来源国家/地区及主要产业主体在专利数量、技术布局、专利运营等方面的情况，对各国家/地区和产业主体在该领域的研发实力进行了量化分析，从中找出中国与全球发达国家特别是与美国在大豆分子育种技术整体发展上可能存在的差异和距离，从而对中国在该领域上未来的定位与发展做出判断。

4.1 全球主要国家/地区技术研发竞争力对比分析

4.1.1 全球大豆分子育种专利数量及年代趋势

图 4.1 为 2009—2018 年全球和中国大豆分子育种专利数量年代趋势对比图。2009—2018 年，全球该领域的专利数量为 4567 项，其中中国该领域的专利数量为 793 项。从图 4.1 中可以看出，全球专利数量除 2015 年（395 项）和 2018 年（146 项）以外，其余年份均在 400 项以上，专利产出的趋势较稳定。中国专利数量整体低于全球水平，但正处于稳步发展的阶段，特别是 2016—2018 年专利数量保持在 100 项以上。

表 4.1 列出了 2009—2018 年全球大豆分子育种专利来源国家/

地区专利数量及同族专利数量。美国以专利数量 3580 项排名第一，中国大陆地区以专利数量 793 项排名第二，欧洲以专利数量 58 项排名第三。由同族专利数量可见，美国拥有体系较庞大的专利家族，重视技术和植物新品种在世界范围内的传播和保护，欧洲虽然专利数量不是很多，但也有着一定体量的同族专利成员。韩国、日本等亚洲国家的同族专利数量相对较少，在市场上的占有率不高。

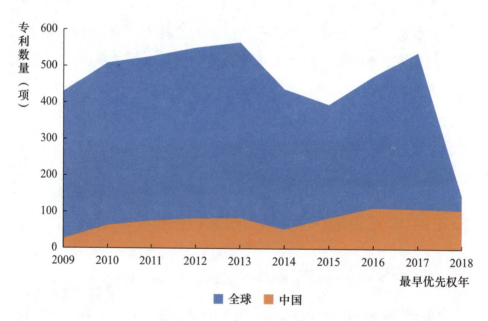

图 4.1　2009—2018 年全球和中国大豆分子育种专利数量年代趋势对比图

图 4.2 为 2009—2018 年大豆分子育种专利 TOP5 来源国家 / 地区专利数量年代趋势。2013 年后，美国专利数量产出趋势开始下降，而中国虽然专利数量明显少于美国，但呈现稳步上升的态势。欧洲专利数量呈下降趋势，韩国和加拿大专利数量较少，特别是加拿大相关专利产出不连续。

图 4.3 为 2009—2018 年大豆分子育种专利 TOP5 来源国家 / 地

第 4 章 大豆分子育种全球技术研发竞争力分析

表 4.1 2009—2018 年全球大豆分子育种专利来源国家/地区专利数量及同族专利数量

来源国家/地区	美国	中国大陆地区	欧洲	韩国	世界知识产权组织	加拿大	澳大利亚	日本	印度	英国	巴西	其他
专利数量（项）	3580	793	58	23	22	16	15	14	10	10	9	3
同族专利数量（件）	7096	929	376	28	83	18	29	46	18	65	16	3

来源国家/地区	丹麦	西班牙	中国台湾地区	乌兹别克斯坦	俄罗斯	卢森堡	古巴	哈萨克斯坦	墨西哥	德国	新西兰	瑞典
专利数量（项）	2	2	1	1	1	1	1	1	1	1	1	1
同族专利数量（件）	16	4	3	4	1	1	2	1	5	1	7	2

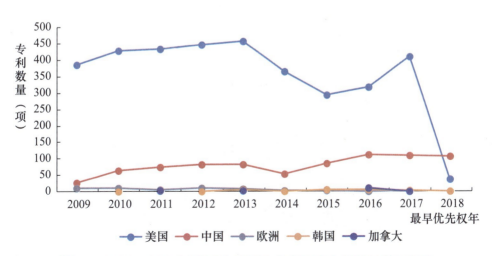

图 4.2 2009—2018 年大豆分子育种专利 TOP5 来源国家/地区专利数量年代趋势

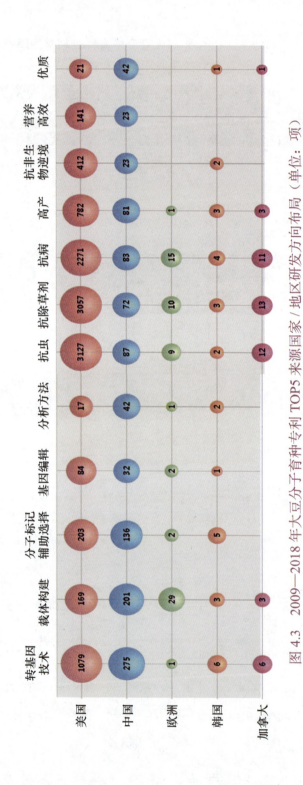

图 4.3 2009—2018 年大豆分子育种专利 TOP5 来源国家/地区研发方向布局（单位：项）

第 4 章 大豆分子育种全球技术研发竞争力分析

区研发方向布局。2009—2018年大豆分子育种技术分类的专利数量总共2210项，应用分类上的专利数量为3799项。

在技术分类中，转基因技术是全球大豆分子育种领域最热门、应用最广泛的技术，专利数量为1367项。其中，美国转基因技术相关专利数量为1079项，主要用于抗虫（3127项）、抗除草剂（3057项）新品种的培育。中国专利数量最多的也是转基因技术（275项），其次是载体构建（201项）和分子标记辅助选择（136项），主要应用于抗虫、抗病和大豆高产领域。由于大部分欧盟国家限制转基因作物种植，欧洲地区转基因技术相关专利只有1项，其载体构建专利数量最多，为29项。

在应用分类中，抗虫、抗除草剂、抗病大豆育种是各个国家/地区最受重视的领域，其次是在高产和抗非生物逆境方面也投入了一定的研发力量。欧洲地区目前尚未产出与大豆优质、抗非生物逆境和营养高效相关的专利。

4.1.2　主要国家/地区专利授权与保护

在DI数据库中将专利家族中的专利扩充并进行申请号归并，得到2009—2018年大豆分子育种专利TOP5国家/地区大豆同族专利数量与授权且有效专利数量对比，如图4.4所示。其中，最早优先权国为美国的专利数量共3580项，但专利家族成员有7096件，其中授权且有效专利数量为4623件。中国793项专利扩充得到929件专利家族成员，授权且有效专利数量为656件。韩国有效专利占比最高，为92.68%。

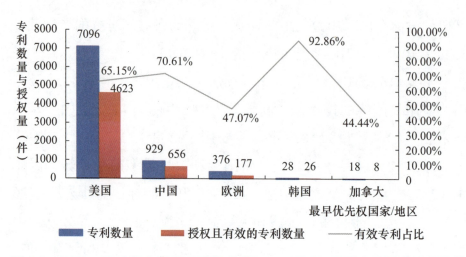

图 4.4 2009—2018 年大豆分子育种专利 TOP5 国家 / 地区大豆同族专利数量与授权且有效专利数量对比

4.1.3 主要国家 / 地区的专利布局

图 4.5 为 2009—2018 年大豆分子育种专利 TOP5 国家 / 地区海外专利数量对比，图 4.6 展示了 2009—2018 年大豆分子育种专利

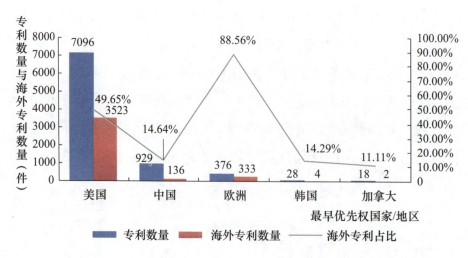

图 4.5 2009—2018 年大豆分子育种专利 TOP5 国家 / 地区海外专利数量对比

第4章 大豆分子育种全球技术研发竞争力分析

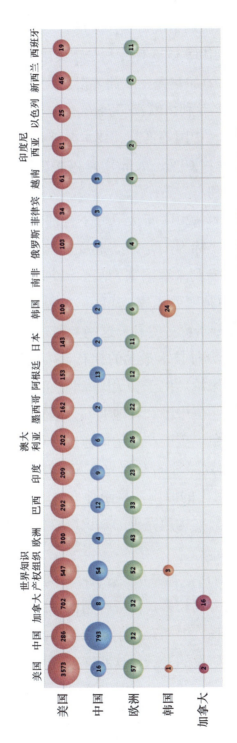

图 4.6 2009—2018 年大豆分子育种专利 TOP5 国家/地区专利布局情况（单位：件）

TOP5 国家/地区专利布局情况。美国是海外专利数量最多的国家，7096 件专利家族成员中有 3523 件专利是在美国以外的地区申请的，主要的技术流向地区为加拿大、欧洲、巴西、印度、澳大利亚等，还有一定数量的 PCT 专利。欧洲海外专利占比最高，为 88.56%，美国、巴西、加拿大、中国等都是其技术海外布局的主要市场。中国的海外专利占比为 14.64%，大部分为 PCT 专利，在美国及南美洲国家申请了少量专利。

图 4.7 展示了 2009—2018 年大豆分子育种专利受理国家/地区的专利来源分布。横坐标为 TOP10 专利受理国家/地区，纵坐标为专利数量大于 3 件的专利来源国家/地区，以此探究占领大豆分子育种主要技术市场的是哪些国家/地区。2009—2018 年共有 30 个国家/地区受理大豆分子育种专利，这些专利来源于 23 个国家/地区，美国是大豆分子育种技术最大的拥有者，也是各个受理国家/地区最大的海外技术来源。由于《美国专利法》规定植物新品种可作为专利保护的客体，但中国和其他大部分国家的专利法都未将植物新品种作为保护对象，美国产业主体通过各种途径培育或收集到大豆种质后，涉及大豆品种的专利先在美国申请专利，之后遵循"专利在前，市场在后"的原则，将制种方法、启动子等相关技术在海外申请专利保护，在构建完善的知识产权保护网络后，再全面打开海外产销市场。

从图 4.7 中可以看出，加拿大、墨西哥、巴西、阿根廷等美洲国家虽然受理公开的专利较多，大豆种植面积广，进出口量大，是被重点关注的国际市场，但拥有自主知识产权的大豆分子育种专利数量少甚至没有自主研发的专利，这些国家基本被以美国为主的海外技术垄断。

第 4 章 大豆分子育种全球技术研发竞争力分析

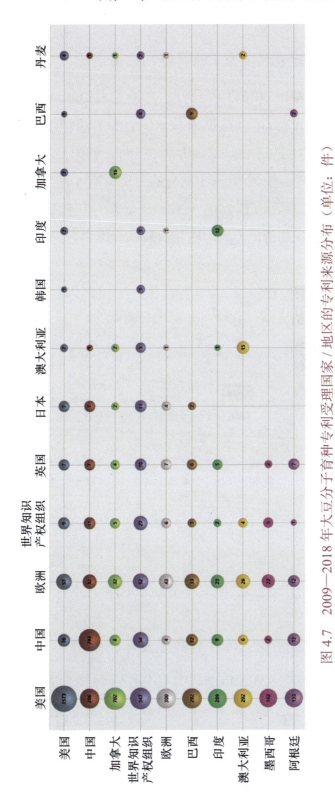

图 4.7 2009—2018 年大豆分子育种专利受理国家/地区的专利来源分布（单位：件）

4.1.4 主要来源国家/地区专利质量对比

图4.8是2009—2018年大豆分子育种专利TOP5国家/地区专利质量对比。从Innography数据库获取到有专利价值度的美国专利共6590件，中国专利916件，欧洲专利318件，韩国专利4件，加拿大专利18件。其中，中国80～100分的专利只有1件，美国80～100分的专利共161件，占其2009—2018年全部专利数量（7096件）的2.27%，可见美国高价值专利占比相对较高，影响力较大。

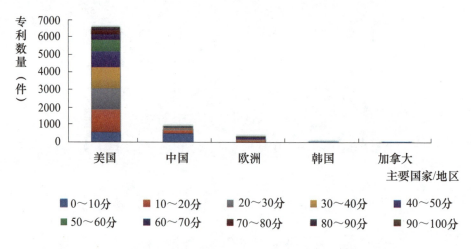

图4.8 2009—2018年大豆分子育种专利TOP5国家/地区专利质量对比

4.2 主要产业主体技术研发竞争力对比分析

4.2.1 主要产业主体专利数量及年代趋势

图4.9为2009—2018年全球大豆分子育种技术主要产业主体分布。孟山都公司专利数量最多，为1492项，其次是杜邦公司（896项）、斯泰种业公司（341项）、先正达公司（338项）、Merschman公

第 4 章 大豆分子育种全球技术研发竞争力分析

司（300 项）。中国农业科学院作物科学研究所仍然是中国最主要的产业主体，专利数量为 84 项；吉林省农业科学院 2009 年之后发展较快，跻身 TOP10 产业主体的行列，专利数量为 63 项。图 4.10 为 2009—2018 年大豆分子育种主要产业主体的专利数量年代趋势，从该图中可以看出，孟山都公司是大豆分子育种的领军机构，2012 年之后专利数量呈上升趋势，除 2018 年之外，其余年度专利数量基本稳定在 160～170 项。杜邦公司和斯泰种业公司专利数量在 2014 年后略有下降，先正达公司、Merschman 种业公司和陶氏化学的专利数量较稳定。3 家中国产业主体的年度专利数量与欧美产业主体相比还有一定差距，但 2009—2018 年专利数量均呈稳中有升的发展趋势。

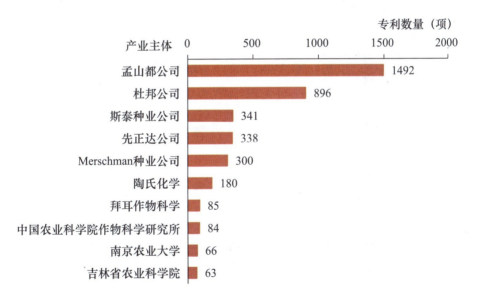

图 4.9　2009—2018 年全球大豆分子育种技术主要产业主体分布

图 4.11 展示了 2009—2018 年大豆分子育种专利主要产业主体技术和应用分布。在技术领域，转基因技术是各产业主体在该时间段最关注的技术，杜邦公司在分子标记辅助选择领域也有较多的专利产出。2009—2018 年，抗虫、抗除草剂、抗病仍然是各产业主体

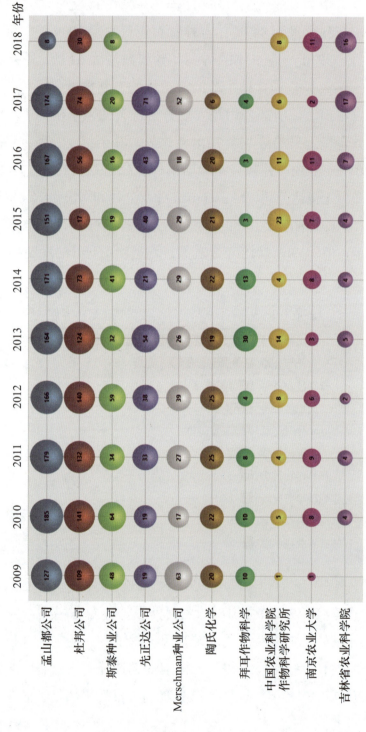

图 4.10　2009—2018 年大豆分子育种主要产业主体的专利数量年代趋势（单位：项）

第 4 章 大豆分子育种全球技术研发竞争力分析

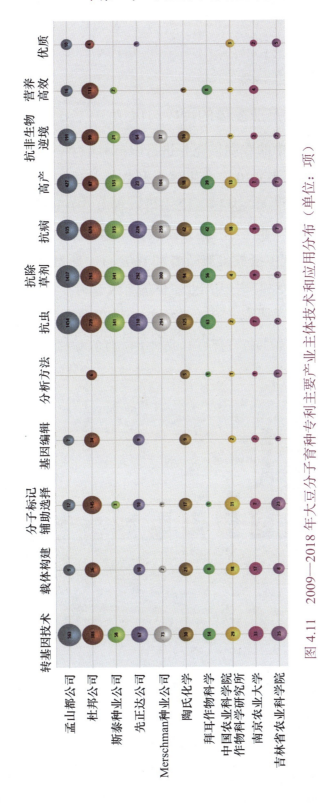

图 4.11 2009—2018 年大豆分子育种专利主要产业主体技术和应用分布（单位：项）

研发最密集的领域，其次为高产、抗非生物逆境、营养高效等与大豆品质产量有关的领域。

4.2.2 主要产业主体的授权与保护

将专利家族中的专利扩充并进行申请号归并，得到2009—2018年大豆分子育种TOP10产业主体专利数量与授权且有效专利数量对比，如图4.12所示。从图4.12中可以看出，中国产业主体的同族专利数量与海外产业主体相比差距较大。孟山都公司共申请1492项/1799件专利，其中授权且有效专利1602件。斯泰种业公司所有专利目前均为有效专利。中国产业主体的有效专利占比均较高，中国农业科学院作物科学研究所有效专利占比为77.53%，南京农业大学有效专利占比为58.57%，吉林省农业科学院有效专利占比为85.42%。

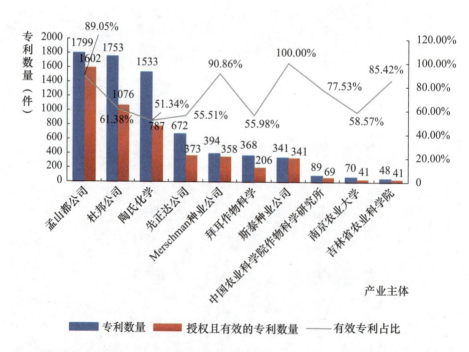

图4.12 2009—2018年大豆分子育种TOP10产业主体专利数量与授权且有效专利数量对比

4.2.3 主要产业主体的专利运营情况

图 4.13 为 2009—2018 年大豆分子育种 TOP10 产业主体转让专利数量,各产业主体均没有发生专利许可,但存在不同程度的专利转让。专利转让包括出售、折股投资等多种形式,专利作为无形资产,转让行为可以为产业主体带来一定的财富收入,还可以扩大产业主体在行业内的影响力和技术布局,并获得潜在的合作关系。总体来看,欧美大型产业主体的专利转让行为更频繁,特别是孟山都公司和杜邦公司。中国产业主体的专利转让数量还较少,在今后发展中可以将专利转让作为获取收益和扩张技术布局的渠道之一,拓展更多的专利运营模式。

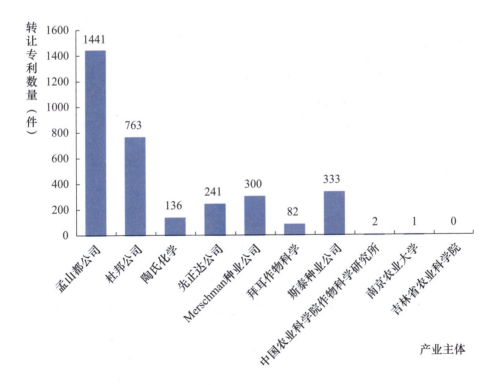

图 4.13　2009—2018 年大豆分子育种 TOP10 产业主体转让专利数量

4.2.4 主要产业主体的专利质量对比

图 4.14 为 2009—2018 年大豆分子育种 TOP10 产业主体专利质量对比。孟山都公司 40～50 分和 50～60 分区间的专利数量占比较大，60 分以上的专利数量与其他机构相比较多，可见其专利质量、应用价值较高，这部分专利大多数为抗虫、抗除草剂相关专利。中国产业主体的专利大多与抗病、高产相关，高分区间的专利较少，专利质量有待进一步提高。

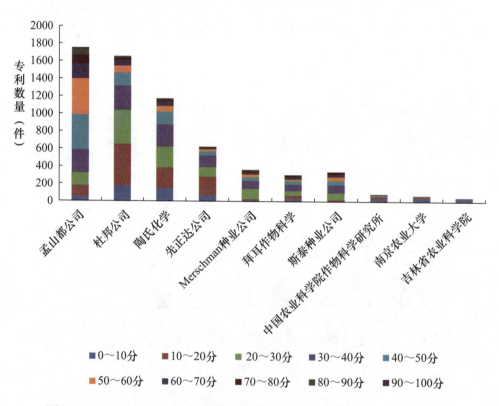

图 4.14　2009—2018 年大豆分子育种 TOP10 产业主体专利质量对比

4.3 2009—2018 年大豆分子育种高质量专利对比分析

本书将 Innography 数据库中专利强度大于等于 58 分的专利定义为高质量专利，这部分专利数量占 2009—2018 年全部专利数量的 10.07%，为 903 件。

图 4.15 为 2009—2018 年大豆分子育种高质量专利申请年代趋势。2012 年产出的高质量专利最多，为 201 件。专利价值在 60～70 分区间的专利数量较多。

图 4.15　2009—2018 年大豆分子育种高质量专利申请年代趋势

图 4.16 为 2009—2018 年大豆分子育种高质量专利主要来源国家/地区分布。从图 4.16 中可以看出，美国高质量专利数量远远领先其他国家，为 800 件，其次为欧洲（54 件）和中国（38 件）。

2009—2018 年大豆分子育种高质量专利主要产业主体分布如图 4.17 所示，可以看出，全球 TOP10 产业主体均为欧美跨国企业，技术优势明显，其中孟山都公司再次显示出领军产业主体的优势，

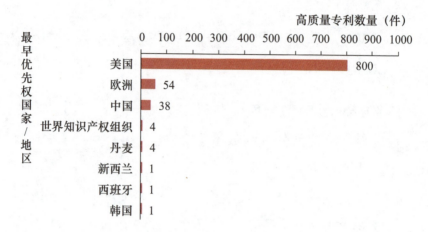

图 4.16　2009—2018 年大豆分子育种高质量专利主要来源国家/地区分布

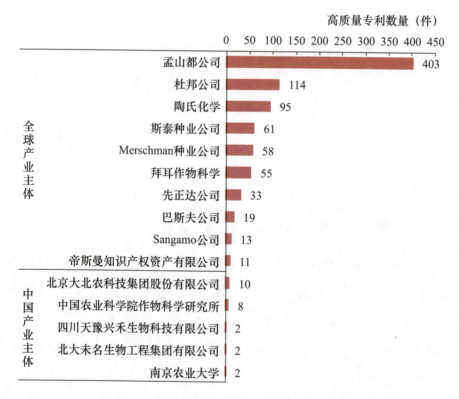

图 4.17　2009—2018 年大豆分子育种高质量专利主要产业主体分布

高价值专利数量最多（403件），杜邦公司排名第二（114件），陶氏化学以95件排名第三。中国产业主体高质量专利数量较少，北京大北农科技集团股份有限公司高质量专利最多，为10件；其次是中国农业科学院作物科学研究所，高质量专利为8件；其余产业主体的高质量专利数量均不多。

第 5 章 新兴主题预测

5.1 方法论

Emergence Indicators 算法由佐治亚理工大学 Alan Porter 教授团队开发，该算法通过文献计量手段对标题和摘要的主题词进行分析和挖掘，从新颖性（Novelty）、持久性（Persistence）、成长性（Growth）、研究群体参与度（Community）4 个维度对每个主题词进行创新性得分计算，创新性得分越高代表某技术主题新兴性越高，成熟技术的得分相对较低。该指标可以很好地帮助科研人员和决策人员了解新兴研究方向在技术生命周期中所处的位置，以便在它达到拐点或者成熟期前就可以识别出来，进行研发布局和战略选择。

5.2 新兴主题遴选

将全球大豆分子育种技术中的转基因技术（1702 项专利）、载体构建（1067 项专利）、分子标记辅助选择（695 项专利）和基因编辑（136 项专利）作为新兴主题遴选的基础数据；将上述 4 类技术的专利经过 DWPI 自然语言处理后分别得到 27279 个、52384 个、32018 个、10827 个主题词组；经 Emergence Indicators 算法计算后，转基因技术领域遴选出 151 个主题词，载体构建领域遴选出 30 个主题词，分子标记辅助选择领域遴选出66个主题词，基因编辑领域遴选出28个主题词，在排除没有意义的虚词并经大豆分子育种领域专家筛选后，4个技术分类领域共选定了39个可以反映大豆分子育种领域新兴主题趋势的主题词。表5.1展示了全球大豆分子育种领域新兴主题词。

表 5.1　全球大豆分子育种领域新兴主题词

技术分类	专利数量（项）	主题词（英文）	创新性得分（分）
转基因技术	127	2,4-dichlorophenoxyacetic acid（2,4-D）	77.112
	128	site-specific recombination site	70.499
	54	transformed plant cell	39.963
	50	herbicide tolerance chosen	13.361
载体构建	8	competent cells	9.56
	21	5' end	9.315
	31	3' end	8.687
	53	host	8.498
	9	performing PCR amplification	8.124
	38	homology	6.809
	16	signal peptide	5.91
	10	specific expression	4.949
	10	ligated	3.952
	57	inducing expression	2.703
分子标记辅助选择	72	PCR amplification	32.191
	74	molecular marker	24.648
	8	F1 soybean	18.432
	15	site-specific recombination site	15.54

（续表）

技术分类	专利数量（项）	主题词（英文）	创新性得分（分）
分子标记辅助选择	51	meiotic segregation	14.21
	7	digested product	9.135
	25	homozygosity	8.871
	34	comprising isolating nucleic acids	7.228
	46	soybean hulls	7.09
	15	soybean breeding	5.163
	26	soybean varieties	4.869
	26	varieties	4.015
	19	base pair sequence	4.01
	8	trait comprising male sterility	2.862
	95	uniformity	2.202
	28	insect	1.925
基因编辑	10	gene editing	15.509
	10	sgRNA	9.912
	7	genome modification	6.334
	25	increased grain yield	6.205
	18	preferred Biomolecule	5.897
	7	regulatory element	4.756
	8	amino acid	2.809
	8	oil	2.656
	8	expression cassette	2.346

从表 5.1 中可以看出，转基因技术领域的新兴主题主要集中在生长素类似物（2,4-dichlorophenoxyacetic acid）、位点特异性重组位点（site-specific recombination site）、转化植物细胞（transformed

plant cell)、除草剂抗性筛选（herbicide tolerance chosen）等方面。

载体构建领域的新兴主题主要集中在感受态细胞（competent cells）、5' 端（5' end）、3' 端（3' end）、宿主（host，如 Escherichia coli）、PCR 扩增（performing PCR amplification）、同源（homology）、信号肽（signal peptide）、特异性表达（specific expression）、连接方法或步骤（ligated）、诱导性表达（inducing expression）等方面。

分子标记辅助选择领域的新兴主题主要集中在 PCR 扩增 PCR（amplification）、分子标记（molecular marker）、F1 大豆（F1 soybean）、位点特异性重组位点（site-specific recombination site）、减数分裂分离（meiotic segregation）等方面。

基因编辑领域的新兴主题主要集中在基因编辑（gene editing）、向导 RNA（sgRNA）、基因组修饰（genome modification）、提高产量（increased grain yield）等方面。

▶ 5.3 新兴主题来源国家 / 地区分布

全球大豆分子育种技术中转基因技术领域遴选出的 4 项新兴主题分布于 3 个国家，全球大豆分子育种领域新兴主题来源国家如图 5.1 所示，可以看出，美国是大豆分子育种技术中转基因技术领域拥有新兴主题专利数量最多且创新性最高的国家，其专利数量为 298 项，创新性得分为 855.4 分；中国排名第二，专利数量为 3 项，创新性得分为 60.6 分；日本排名第三，专利数量为 1 项，创新性得分为 20.3 分。

全球大豆分子育种领域各技术分类新兴主题来源国家 / 地区分布如图 5.2 所示。从图 5.2 中可以看出，转基因技术、载体构建、分子标记辅助选择、基因编辑这 4 个技术分类新兴主题来源国家 /

地区均集中在美国和中国，在专利数量方面美国要远远高于中国，掌握更多的新兴主题相关知识产权。中国在载体构建、基因编辑方面的创新性得分超过美国，说明此 2 项技术在中国的发展正处于快速成长阶段，研发投入也较多。欧洲在载体构建和分子标记辅助选择方面的创新活跃度较高。

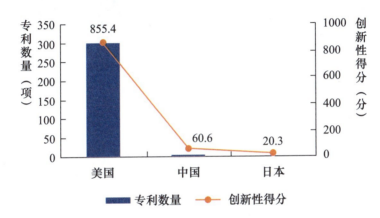

图 5.1　全球大豆分子育种领域新兴主题来源国家

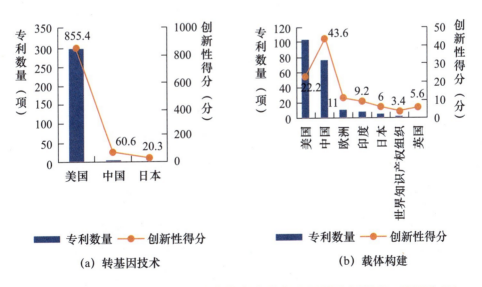

(a) 转基因技术　　　　　　　(b) 载体构建

图 5.2　全球大豆分子育种领域各技术分类新兴主题来源国家 / 地区分布

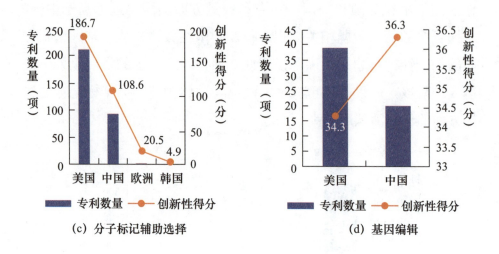

图 5.2　全球大豆分子育种领域各技术分类新兴主题来源国家/地区分布（续）

5.4　新兴主题主要产业主体分析

本节分析转基因技术、载体构建、分子标记辅助选择和基因编辑 4 个技术分类中新兴主题主要产业主体分布，若经过计算，得到的产业主体少于或等于 10 个，则全部分析；若得到的产业主体大于 10 个，则分析 TOP10 产业主体，特此说明。

图 5.3～图 5.6 展示了 4 个技术新兴主题的主要产业主体，可见孟山都公司、杜邦公司、先正达公司等传统的农业巨头企业依然重视新技术的投入和研发，仍是推动大豆分子育种前进的主力。杜邦公司 4 个技术分类的新兴主题专利数量均排名第一，转基因技术和分子标记辅助选择的创新性得分较高，分别为 642 分和 162.2 分。孟山都公司转基因技术新兴主题的专利数量为 126 项，排名第二，创新性得分为 371.4 分，排名第三，但孟山都公司其他 3 个技术新兴主题的专利数量不多，创新性得分也不高。

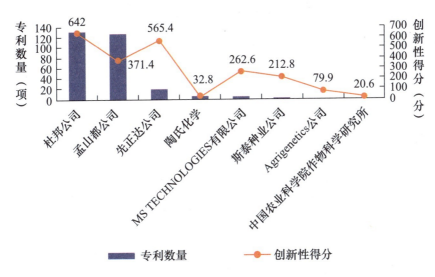

图 5.3　全球大豆分子育种领域转基因技术新兴主题主要产业主体

图 5.4　全球大豆分子育种领域载体构建新兴主题主要产业主体

有 5 家中国产业主体的新兴主题专利数量和创新性得分排名较为靠前。特别是载体构建领域，中国农业科学院作物科学研究所、东北农业大学、南京农业大学的创新性得分较高，依次排在第一至第三名，分别为 14.4 分、13.6 分、11.8 分；分子标记辅助选择领域中国农业科学院作物科学研究所、吉林省农业科学院、东北农业大学的创新性得分较高，分别为 63.9 分、62.7 分、22.4 分；基因编辑领域中国科学院遗传与发育生物学研究所创新性得分为 33.2 分，排名第一。可见中国对这 3 项技术的创新研发十分重视。

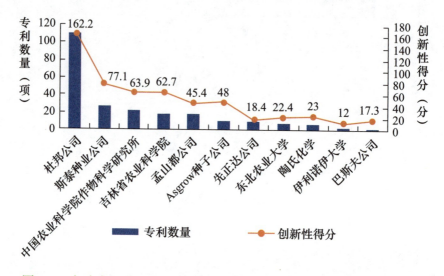

图 5.5　全球大豆分子育种分子标记辅助选择新兴主题主要产业主体

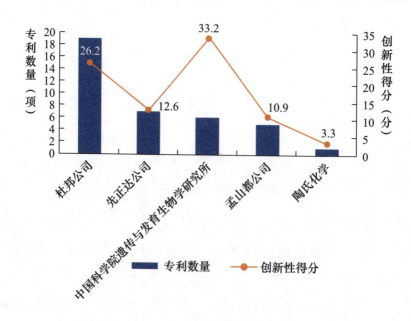

图 5.6　全球大豆分子育种基因编辑新兴主题主要产业主体

第6章
大豆分子育种热点主题态势分析

本章针对全基因组关联分析、基因编辑、表型组学、大豆固氮、抗病大豆育种、优质大豆育种6个大豆分子育种领域的热点研究主题，基于科睿唯安 Science Citation Index Expanded（SCI-EXPANDED）和 Conference Proceedings Citation Index- Science（CPCI-S）数据库的论文数据进行主题态势分析，以帮助相关领域的科研人员和决策层管理者了解该主题的全球发展现状，掌握研究热点和方向，研判发展趋势。

考虑到数据库收录与论文发表的时间差，2018—2019年的论文数量尚不完整，不能完全代表这两年的趋势。

6.1 全基因组关联分析

全基因组关联分析（Genome-Wide Association Study，GWAS）是指以基因组中数以百万计的单核苷酸多态性 SNP 为分子遗传标记，进行全基因组水平上的对照分析或相关性分析，通过比较发现影响复杂性状的基因变异的一种新策略。GWAS 最开始多用于筛选遗传标记与疾病间的关联，近些年许多学者运用 GWAS 方法，针对农作物重要农艺性状开展研究，具有定位精度高、一次性考察多个性状、直接获得与目标性状相关标记等优点。

截至 2019 年 4 月 17 日，共检索到大豆全基因组关联分析相关论文 188 篇。

6.1.1 论文产出分析

全球大豆全基因组关联分析相关论文最早发表于 2011 年，分别是美国北达科他州立大学和美国农业部农业研究院共同发表的 *Genome-Wide Association Analysis Identifies Candidate Genes Associated with Iron Deficiency Chlorosis in Soybean*，印度浦那大学发表的 *A Bayesian Mixed Regression Based Prediction of Quantitative Traits from Molecular Marker and Gene Expression Data* 以及美国明尼苏达大学发表的 *Whole-genome nucleotide diversity, recombination, and linkage disequilibrium in the model legume Medicago truncatula*。此后全球相关论文发文量逐年上升，至 2017 年达到最高发文量 49 篇（见图 6.1）。中国科研人员在该领域的研究紧跟全球趋势，发文始于 2012 年，2 篇论文均为南京农业大学发表，题名分别是 *Genome-wide association analysis detecting significant single nucleotide polymorphisms for chlorophyll and chlorophyll fluorescence parameters in soybean (Glycine max) landraces* 和 *Identification of single nucleotide polymorphisms and haplotypes associated with yield and*

图 6.1　全球大豆全基因组关联分析年度发文趋势

第 6 章 大豆分子育种热点主题态势分析

yield components in soybean (Glycine max) landraces across multiple environments。全球与中国的发文量自 2014 年起均快速增长。

从全球大豆全基因组关联分析相关论文来源国家/地区分布来看，美国（105 篇）和中国（82 篇）在发文量上拥有绝对优势，是该技术研究较为集中的国家。巴西（11 篇）、印度（7 篇）、德国（7 篇）、加拿大（6 篇）发文量排名在前 5 位（见表 6.1）。

表 6.1 全球大豆全基因组关联分析论文来源国家/地区分布（单位：篇）

美国	中国	巴西	印度	德国	加拿大	韩国	智利	法国	丹麦	比利时
105	82	11	7	7	6	5	3	3	2	2
澳大利亚	英国	哈萨克斯坦	乌兹别克斯坦	俄罗斯	印度尼西亚	哥伦比亚	土耳其	塞内加尔	巴基斯坦	布基纳法索
2	2	1	1	1	1	1	1	1	1	1
捷克	新西兰	日本	沙特阿拉伯	泰国	津巴布韦	瑞典	芬兰	阿根廷		
1	1	1	1	1	1	1	1	1		

6.1.2 主要发文机构分析

大豆全基因组关联分析 TOP10 发文机构如图 6.2 所示，这些机构均来自美国和中国，可见这两个国家在该领域科研实力处于领先地位。发文量最多的机构是美国农业部农业研究院（49 篇），南京农业大学（36 篇）位列第二，密苏里大学（29 篇）位列第三。

如图 6.3 所示，TOP10 发文机构在大豆全基因组关联分析方面的发文量呈逐年上升趋势。美国农业部农业研究院是最早发表相关论文的机构，南京农业大学紧随其后，大部分机构的发文时间始于 2014—2015 年。密苏里大学、密歇根州立大学、伊利诺伊大学 2016—2018 年发文量均上升较快。

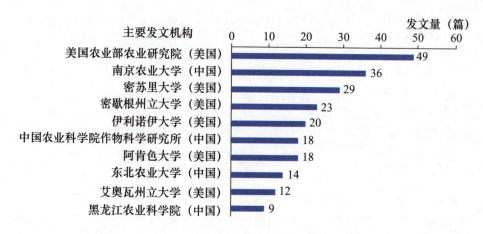

图 6.2 大豆全基因组关联分析 TOP10 发文机构

TOP10 发文机构之间也呈现出较密切的合作关系。由图 6.4 可知，美国农业部农业研究院与其他单位的合作最为密切，在美国国内与海外均有合作发文的情况。南京农业大学与美国农业部农业研究院合作发文 1 篇，与艾奥瓦州立大学合作发文 2 篇，与中国农业科学院作物科学研究所合作发文 3 篇，其余论文为独立发文或与 TOP10 以外的机构合作发文。中国农业科学院作物科学研究所是中国机构中开展合作较多的机构，不但与南京农业大学、东北农业大学等国内机构有合作关系，同时也与阿肯色大学、密歇根州立大学、美国农业部农业研究院等海外机构开展国际合作。

6.1.3 高质量论文分析

本节的高质量论文包括高被引论文和热点论文：将超过大豆全基因关联分析论文被引次数基线的论文定义为高被引论文，将在该领域 2017—2019 年发表的论文被引用次数超过被引基线的论文定义为热点论文。

全球大豆全基因组关联分析领域共发表论文 188 篇，共被引用 2536 次，平均被引次数为 2536/188 ≈ 13.49，故确定高被引论文基

第 6 章 大豆分子育种热点主题态势分析

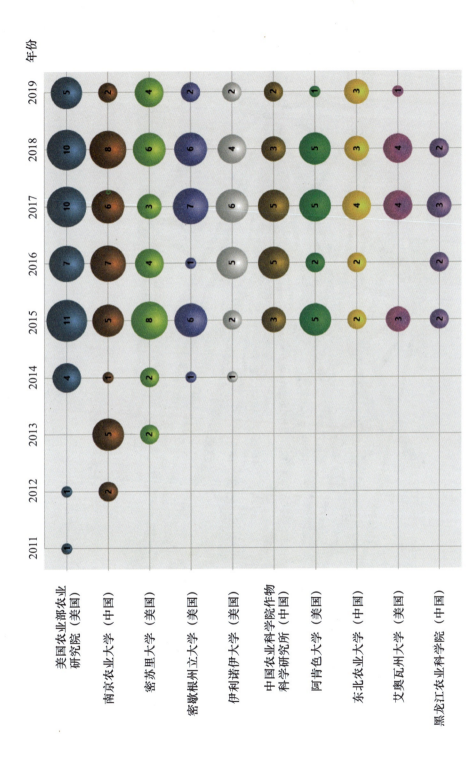

图 6.3 大豆全基因组关联分析 TOP10 发文机构年度发文趋势（单位：篇）

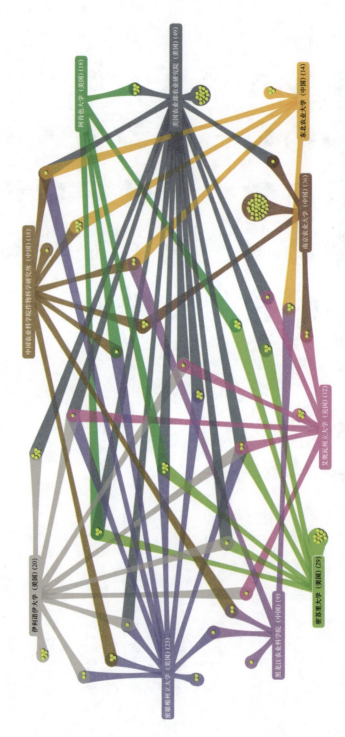

图 6.4 大豆全基因组关联分析 TOP10 发文机构合作关系图（单位：篇）

线为 14，被引频次大于等于 14 的论文为高被引论文，共 48 篇；该领域 2017—2019 年共发表论文 108 篇，共被引用 319 次，平均被引次数为 319/108 ≈ 2.95，故确定热点论文基线为 3，被引频次大于等于 3 的论文为热点论文，共 37 篇。

如图 6.5 所示，大豆全基因组关联分析领域高被引论文主要来自美国（32 篇）和中国（15 篇），论文质量较好，位于全球较领先的位置；如图 6.6 所示，该领域热点论文来源国家除美国（20 篇）和中国（16 篇）依旧领先外，巴西（6 篇）、德国（3 篇）和智利（3 篇）排名也较靠前，说明这 3 个国家在 2017—2019 年对该领域也投入了一定研究，且产出论文的质量较高，是值得关注的国家。

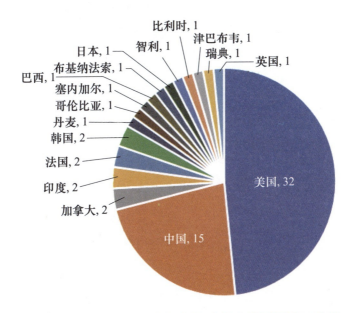

图 6.5　大豆全基因组关联分析高被引论文来源国家（单位：篇）

美国农业部农业研究院作为世界领先的科研机构，其高被引论文数量和热点论文数量均排名第一，分别为 15 篇和 8 篇。密苏里大学（9 篇）和南京农业大学（8 篇）分别位列高被引论文数量的第二和第三；密歇根州立大学（5篇）、阿肯色大学（5篇）分别为热点论文数量的第二位和第三位。巴西的马林加州立大学发表了3篇热点论文，如表6.2所示。

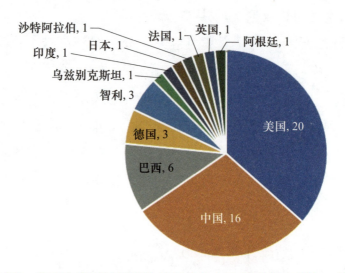

图6.6 大豆全基因组关联分析热点论文来源国家（单位：篇）

表6.2 大豆全基因组关联分析高质量论文TOP10发文机构及发文数量

高被引论文发文机构	高被引论文数量（篇）	热点论文发文机构	热点论文数量（篇）
美国农业部农业研究院（美国）	15	美国农业部农业研究院（美国）	8
密苏里大学（美国）	9	密歇根州立大学（美国）	5
南京农业大学（中国）	8	阿肯色大学（美国）	5
伊利诺伊大学（美国）	4	陶氏杜邦农业事业部（美国）	4
密歇根州立大学（美国）	4	东北农业大学（中国）	4
百迈客生物科技（中国）	3	中国农业科学院作物科学研究所（中国）	4
江苏沿江地区农业科学研究所（中国）	3	南京农业大学（中国）	4

（续表）

高被引论文发文机构	高被引论文数量（篇）	热点论文发文机构	热点论文数量（篇）
东北农业大学（中国）	3	黑龙江农业科学院（中国）	4
中国农业科学院作物科学研究所（中国）	3	吉林省农业科学院（中国）	3
阿肯色大学（美国）	3	马林加州立大学（巴西）	3

6.1.4 研究热点分析

本研究基于全球大豆全基因组关联分析领域发表的 188 篇论文的全部关键词（作者关键词与 web of science 数据库提取的关键词），利用 VOSviewer 软件对该领域的主题聚类和热点进行挖掘，生成聚类图和热点图。

大豆全基因组关联分析领域关键词聚类图如图 6.7 所示，每个颜色代表一个聚类，可见大豆全基因组关联分析领域共有 5 个聚类：蓝色聚类由 soybean、SNP、loci、resistance、genotypes 等 15 个关键词组成；黄色聚类由 QTL、candidate gene、linkage group-i、seed protein、model approach 等 13 个关键词组成；绿色聚类由 GWAS、arabidopsis-thaliana、agronomic traits、genetic architecture、quantitative resistance 等 18 个关键词组成；红色聚类由 disease resistance、soybean cyst nematode、phytophthora-sojae、population、linkage disequilibrium 等 21 个关键词组成；粉色聚类由 linkage maping、software、flowering time、maturity、plant height 等 11 个关键词组成。

大豆全基因组关联分析领域研究热点图如图 6.8 所示，热点图中红色、橙色的位置代表该领域的研究热点。Soybean、

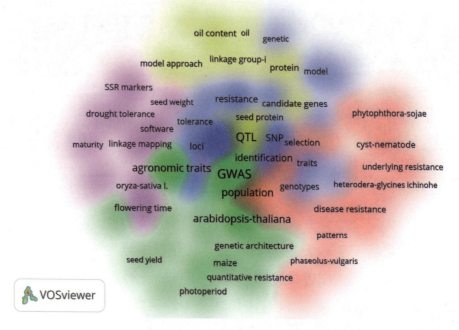

图 6.7　大豆全基因组关联分析领域关键词聚类图

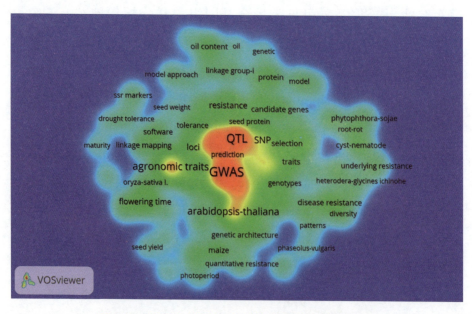

图 6.8　大豆全基因组关联分析领域研究热点图

GWAS、QTL、agronomic traits、linkage disequilibrium、population、arabidopsis-thaliana、prediction 等为该领域研究较为集中的热点。

6.2 基因编辑

基因编辑（Gene Editing）是指人类可以通过某些手段对目标基因进行"编辑和修改"，在特定的基因位点使 DNA 双键发生断裂，在随后的细胞利用 DNA 修复机制对断裂点进行修复的过程中，目的基因会发生定义性的突变或者插入，从而实现基因编辑，达到预期的目的。目前普遍认为基因编辑技术分为三类：ZFN（Zinc-Finger Nuclease，锌指核酸酶）、TALEN（Transcription Activator-Like Effector Nucleases，转录激活因子样效应核酸酶）、第三代基因编辑技术 CRISPR/Cas 系统。基因编辑作为近十年新兴的技术，在农业领域的应用前景十分可观。

截至 2019 年 5 月 5 日，共检索到大豆基因编辑相关论文 64 篇。

6.2.1 论文产出分析

全球大豆基因编辑最早发表的一篇相关论文是来自加拿大渥太华大学的 *Status of genes encoding the mitochondrial S1 ribosomal protein in closely-related legumes*，2008—2009 年没有相关论文产出。从 2010 年开始发文量缓慢上升，2015 年后，由于基因编辑在大豆育种领域的应用逐渐展开，同时 CRISPR 技术的兴起也使得相关论文发文量增加较快。

ZFN 技术在大豆领域发表的第一篇论文是来自美国杜邦公司的 *Stacking Multiple Transgenes at a Selected Genomic Site via Repeated Recombinase-Mediated DNA Cassette Exchanges*；2013 年，TALEN

技术在大豆领域中的相关论文首次发表,是来自巴西农业研究公司的 *Expression and Characterisation of Recombinant Molecules in Transgenic Soybean*;2014 年,美国伊利诺伊州立大学和明尼苏达大学等机构合作发表第一篇大豆育种领域与 CRISPR 技术相关的论文 *New approaches to facilitate rapid domestication of a wild plant to an oilseed crop:Example pennycress (Thlaspi arvense L.)*(见图 6.9)。中国于 2011 年首次发表相关论文,是来自南京农业大学的 *A comparative study of ATPase subunit 9 (Atp9) gene between cytoplasmic male sterile line and its maintainer line in soybeans*。

图 6.9　全球大豆基因编辑及相关技术发文年代趋势

6.2.2　主要发文国家 / 地区分析

从全球大豆基因编辑相关论文主要来源国家 / 地区分布来看,中国(25 篇)是全球相关发文量最高的国家,美国(24 篇)排名第二，可见中美在该领域的研究拥有绝对优势，是该技术研究较为集中的国家。加拿大（4篇）、日本（4篇）、法国（3篇）、巴西（3篇）为发文量大于等于3篇的国家，如图6.10所示。

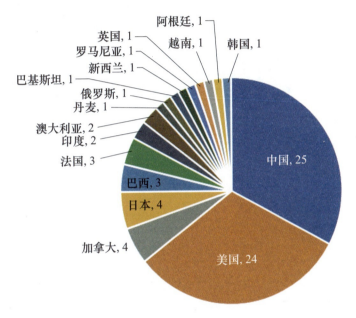

图6.10 全球大豆基因编辑技术主要国家/地区分布（单位：篇）

图6.11展示了大豆基因编辑主要国家技术种类分布，中国主要的发展方向是CRISPR技术，发文量为19篇，是全球相关技术发文量最多的国家，其次还有少量的TALEN和ZFN技术的发文，均为3篇；美国的主要技术方向是CRISPR和ZFN，发文量分别为13篇和10篇，TALEN相关发文目前还比较少，只有3篇；日本大豆基因编辑相关研究只涉猎了CRISPR；法国在3种基因编辑技术的发文量分布比较平均。

美国在大豆基因编辑领域的发文量和中国相当，且中美两国在该领域的研究均处于领先位置，图6.12为中美大豆基因编辑技术年代趋势对比。从总体趋势来看，美国大豆基因编辑相关论文发表的

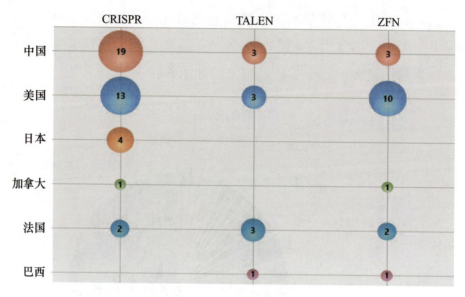

图 6.11　大豆基因编辑主要国家技术种类分布（单位：篇）

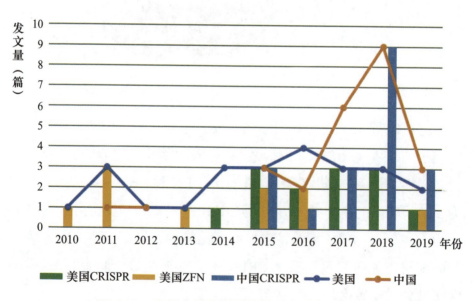

图 6.12　中美大豆基因编辑技术年代趋势对比

时间略早于中国，发文年代趋势比较稳定，中国 2016 年后发文量迅速增长，2017—2019 年发文量超过美国。从技术分布来看，美国最早发文的相关技术是 ZFN，发文量最高的年份在 2011 年，发表 3 篇论文；CRISPR 技术相关论文首次发表于 2014 年，此后该技术相关发文量逐年稳定上升。2015 年，中国发表大豆基因编辑 CRISPR 技术相关论文 2 篇，2018 年中国该技术发文量激增，发文 9 篇，是大豆 CRISPR 技术研究领先的国家。

在全球大豆基因编辑相关的 64 篇论文中，有 9 篇是 ESI 高被引论文，其中 7 篇论文为美国机构发表。作为中国在该领域研究的竞争对手亦是潜在的合作伙伴，了解美国在该领域的发展沿革对中国的科研发展或许会有一定的指导和启发作用。本研究基于美国在大豆基因编辑领域发表的 24 篇论文，挑选高被引论文以及部分被引次数较高的论文按发表年份绘制了美国大豆基因编辑相关研究历程（见图 6.13）。2010 年，杜邦公司发表的 *Stacking Multiple Transgenes at a Selected Genomic Site via Repeated Recombinase-Mediated DNA Cassette Exchanges* 是美国发表的第一篇关于大豆基因编辑的论文；2011 年，哈佛大学、艾奥瓦州立大学、明尼苏达大学等机构发表了高被引论文 *Selection-free zinc-finger-nuclease engineering by context-dependent assembly (CoDA)*，该论文截至 2019 年 5 月 5 日被引用 291 次，该研究基于上下文相关程序集（CoDA）开发了一个仅使用标准克隆技术或者定制 DNA 合成工程锌指核酸酶（ZFNs），该 ZFN 可迅速改变大豆、拟南芥中的基因[54]，同年这些机构引用了这篇论文又发表了 *Targeted Mutagenesis of Duplicated Genes in Soybean with Zinc-Finger Nucleases*，利用 CoDA 生成的 ZFN，对转基因大豆和 9 个内源性大豆基因进行定向诱变，具有很高的转化成功率[55]，这篇论文被引用 123 次；2012—2013 年各发表 1 篇综述性论文，对基因编辑技术在大豆育种领域的应用进行了论述；2014 年，明尼苏达大学和 Calyxt 公司合作发

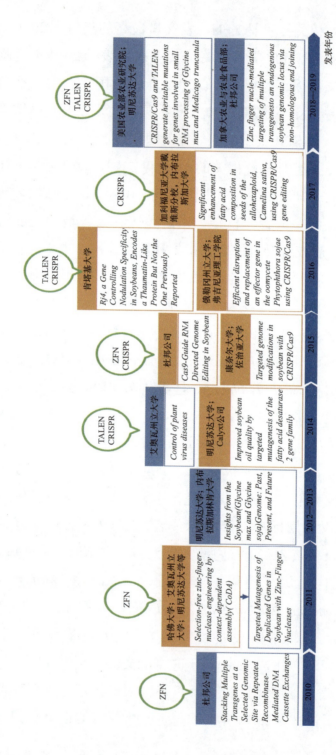

图 6.13 基于论文的美国大豆基因编辑相关研究历程（橙色为 ESI 高被引论文）

表高被引论文 *Improved soybean oil quality by targeted mutagenesis of the fatty acid desaturase 2 gene family*,被引用 121 次,该研究设计序列特异性 TALEN 识别并使大豆的 FAD2-1A 和 FAD2-1B 基因灭活,显著提高了大豆的多不饱和脂肪酸含量,突变的 FAD2-1 还可传递给下一代[56];2015—2017 年是高被引论文产出频繁的时期,2015 年,杜邦公司发表高被引论文 *Cas9-Guide RNA Directed Genome Editing in Soybean*,被引用 122 次,该研究设计建立了化脓性链球菌 Cas-gRNA 系统并成功对大豆 4 号染色体上 DD20 和 DD43 基因位点进行定向诱变,并成功用于编辑大豆 ALS1 基因获得抗氯磺隆大豆[57],同年佐治亚大学发表高被引论文 *Targeted genome modifications in soybean with CRISPR/Cas9*,被引用 158 次,开发了基于 In-Fusion® 克隆的新型克隆策略和载体系统,以简化 CRISPR / Cas9 靶向载体的产生,适用于任何生物体中的任何靶向基因[58];2016 年,肯塔基大学发表高被引论文 *Rj4, a Gene Controlling Nodulation Specificity in Soybeans, Encodes a Thaumatin-Like Protein But Not the One Previously Reported*,被引用 36 次,该研究基于 CRISPR / Cas9 的基因敲除实验对大豆显性基因 Rj4 进行验证,同年俄勒冈州立大学和弗吉尼亚理工学院也合作发表了高被引论文 *Efficient disruption and replacement of an effector gene in the oomycete Phytophthora sojae using CRISPR/Cas9*,被引用 52 次,该研究设计了一种 CRISPR / Cas9 系统,能够在大豆疫霉菌中快速、有效地进行基因组编辑来寻找控制该病原体的途径[59];2017 年,加利福尼亚大学戴维斯分校和内布拉斯加大学合作发表高被引论文 *Significant enhancement of fatty acid composition in seeds of the allohexaploid, Camelina sativa, using CRISPR/Cas9 gene editing*,使用 CRISPR / Cas9 基因编辑技术增强包括大豆在内的油料作物种子

脂肪酸含量[60]。2018—2019年美国发表的大豆基因编辑相关论文，3种技术均有涉及，试图利用相关技术将多个转基因靶向转至大豆单个位点或通过基因编辑手段产生可以遗传的突变。

6.2.3　主要发文机构分析

大豆基因编辑全球主要发文机构如图6.14所示，有7家机构发文量在3篇及以上，3家来自中国，2家来自美国，1家来自加拿大。发文量最多的机构是美国明尼苏达大学（9篇），中国农业科学院作物科学研究所（8篇）位列第二，杜邦公司（4篇）位列第三。

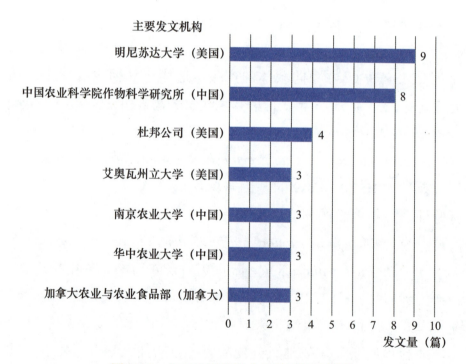

图6.14　大豆基因编辑全球主要发文机构

以上7家机构的合作关系如图6.15所示。目前这些机构间的合作还没有全面开展且已有的合作关系大多存在与本国机构之间。美国明尼苏达大学与艾奥瓦州立大学存在合作发文；中国农业科学院作物科学研究所与华中农业大学存在合作发文；杜邦公司与加拿大农业与农业食品部有着跨国合作的发文。

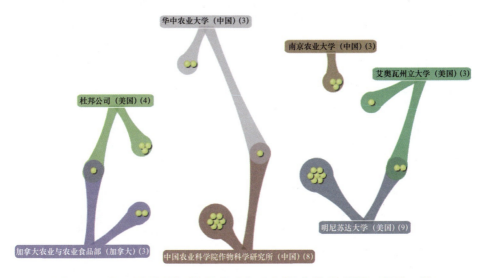

图 6.15　大豆基因编辑全球重要发文机构合作关系图（单位：篇）

表 6.3 显示了大豆基因编辑主要发文机构发文量及被引次数统计情况，美国明尼苏达大学总被引次数最高，为 620 次，篇均被引次数为 68.89 次；中国农业科学院作物科学研究所总被引次数为 152 次，篇均被引次数为 19.00 次；杜邦公司总被引次数为 147 次，篇均被引次数为 36.75 次。总体来看，美国机构的篇均被引次数高于中国。艾奥瓦州立大学发了 3 篇相关论文，其篇均被引次数较高，为 142.67 次，与其和明尼苏达大学等机构合作发表了高被引论文有关。

如图 6.16 所示，美国杜邦公司相对于其他主要发文机构发文时间较早，2011 年明尼苏达大学、南京农业大学、艾奥瓦州立大学相继产出相关论文。中国农业科学院作物科学研究所虽然发文时间较晚，但是发展迅速，成为该领域的领先机构。

表 6.3　大豆基因编辑主要发文机构发文量及被引次数统计

主要发文机构	发文量（篇）	总被引次数	篇均被引次数
明尼苏达大学（美国）	9	620	68.89
中国农业科学院作物科学研究所（中国）	8	152	19.00
杜邦公司（美国）	4	147	36.75
加拿大农业与农业食品部（加拿大）	3	12	4.00
华中农业大学（中国）	3	2	0.67
南京农业大学（中国）	3	48	16.00
艾奥瓦州立大学（美国）	3	428	142.67

大豆基因编辑主要发文机构技术种类分布如图 6.17 所示，美国机构如明尼苏达大学、杜邦公司等在 CRISPR 和 ZFN 技术领域都有涉及，中国农业科学院作物科学研究所、南京农业大学、华中农业大学等中国机构主要集中于 CRISPR 的研究。主要发文机构针对 TALEN 的相关发文相对较少。

6.2.4　学科类型及期刊分析

全球大豆基因编辑发表的 64 篇论文，学科类型主要分布于植物科学（34 篇）、生物技术与应用微生物学（15 篇）、生物化学与分子生物学（10 篇），如表 6.4 所示。

属于植物科学类别和生物技术与应用微生物学类别的论文，发表在 *Plant Biotechnology Journal* 上的较多；属于生物化学与分子生物学类别的论文，发表在 *International Journal of Molecular Sciences* 上的较多。

第6章 大豆分子育种热点主题态势分析

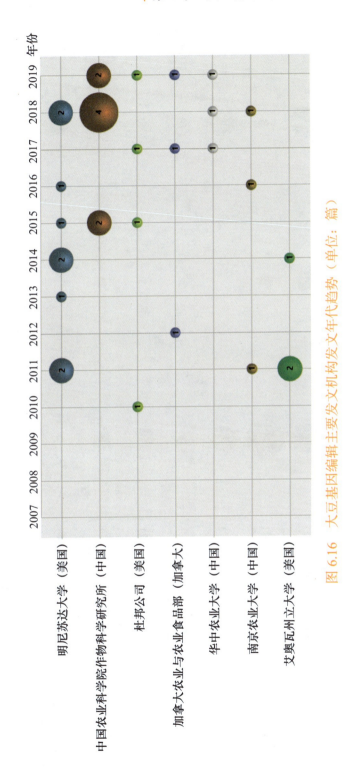

图6.16 大豆基因编辑主要发文机构发文年代趋势（单位：篇）

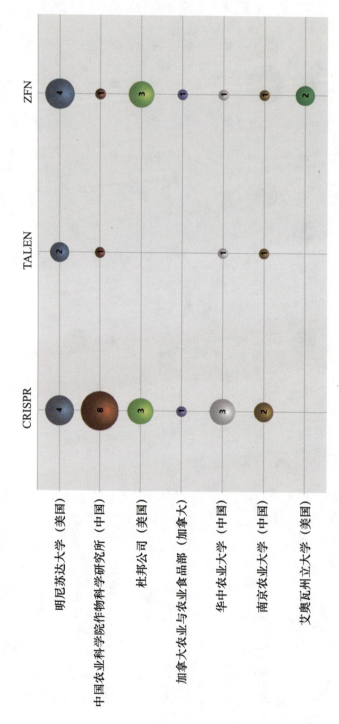

图6.17 大豆基因编辑主要发文机构技术种类分布（单位：篇）

表 6.4 大豆基因编辑技术主要学科分类及期刊分析

发文量（篇）	WOS学科分类	期刊分布	发文量（篇）	影响因子（2017）
34	植物科学（Plant Sciences）	Plant Biotechnology Journal	6	6.305
		Plant Physiology	5	5.949
		BMC Biotechnology	3	2.605
		BMC Plant Biology	3	3.930
		Frontiers in Plant Science	3	3.678
		International Journal of Molecular Sciences	3	3.687
15	生物技术与应用微生物学（Biotechnology & Applied Microbiology）	Plant Biotechnology Journal	6	6.305
		BMC Biotechnology	3	2.605
10	生物化学与分子生物学（Biochemistry & Molecular Biology）	International Journal of Molecular Sciences	3	3.687
		Gene Editing in Plants	2	3.074
		Genetics and Molecular Biology	2	1.493
		Plant Science	2	3.712

6.3 表型组学态势分析

表型组学（phenomics）是一门近年来新发展的学科，目的是在基因组水平上系统研究某一生物或细胞在不同环境条件下的所有表型。该学科也是一门交叉学科，与生命科学领域与遥感、计算机技术、机器人技术、人工智能、可视化和大数据等领域的技术手段紧密结合，共同解决在基因组尺度下突变和环境影响下生物表型的系统性变化问题[61]。表型组学在发展初期用于神经科学的研究，经不断发展，该技术呈现可靠、自动化、多功能及高通量的优点，在作物改良中的优势越发明显，成为近些年作物育种领域的热门技术。

截至 2019 年 6 月 28 日，共检索到大豆表型组学相关论文 155 篇。

6.3.1 论文产出分析

全球大豆表型组学相关论文最早发表于 1971 年，为 Af Wilcox JR、Probst AH 和 Athow KL 等发表于 *Crop Science* 上的 *Recovery of the Recurrent Parent Phenotype During Backcrossing in Soybeans*。此后至 1990 年，间断性有相关论文发表，年发文量在 1～2 篇。1990 年之后，大豆表型组学领域发文量有所增加，且逐步趋于稳定。2014 年该领域发文量最多，为 15 篇（见图 6.18）。在大豆表型组学领域，美国和中国是论文发表的主要国家。

美国相关论文的发表紧跟甚至引领全球趋势。美国于 1974 年发表了第 1 篇大豆表型组学相关论文，为俄亥俄州立大学 Au Humphrey GW、Padmanab V 和 Sharp WR 等发表于 *American Journal of Botany* 上 的 *Effects of Growth Hormones on Cell-Proliferation and Development in 2 Phenotypes of Glycine-Max(l) Merrill，Strain-t219*。此后至 1988 年，全球仅有美国有发文。1990 年后，美国发文量在波动中增长。1995 年，美国发文量出现第一个小高峰，达到 4 篇；2009 年和 2014 年发文量最多，均为 6 篇，2014 年之后发文量有所下降。

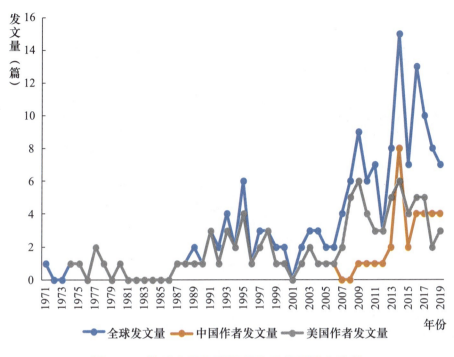

图 6.18　全球大豆表型组学论文年度发文趋势

中国在大豆表型组学方面发文较晚，2006 年才发表第一篇论文，为浙江大学和明尼苏达大学合作发表于 *Journal of nematology* 上的 *Characterization of the Virulence Phenotypes of Heterodera glycines in Minnesota*。中国 2014 年发文量最多，为 8 篇，超过了美国。

从全球大豆表型组学相关论文来源国家/地区来分布来看，美国 90 篇，占有绝对优势，在全球相关论文中的占比超过了 57%；其他发文量超过 10 篇的国家分别为中国 33 篇（占比接近 21%），日本 22 篇（占比为 14%）和韩国 11 篇（占比为 7%）。可以看出，除美国外，亚洲国家对大豆表型组学的研究更为关注（见表 6.5）。

表 6.5 全球大豆表型组学论文来源国家/地区

国家/地区	美国	中国	日本	韩国	巴西	加拿大	阿根廷	澳大利亚
发文量（篇）	90	33	22	11	6	6	4	3
国家/地区	法国	印度	泰国	英国	孟加拉国	比利时	德国	西班牙
发文量（篇）	3	3	3	3	2	2	2	2
国家/地区	瑞士	巴林	哥伦比亚	古巴	捷克共和国	丹麦	芬兰	意大利
发文量（篇）	2	1	1	1	1	1	1	1
国家/地区	哈萨克斯坦	荷兰	阿曼	巴基斯坦	巴拉圭	瑞典	越南	
发文量（篇）	1	1	1	1	1	1	1	

6.3.2 主要发文机构分析

全球大豆表型组学主要发文机构如图 6.19 所示。这些机构共有 18 家，其中来自美国的机构 12 家，中国 4 家，日本和韩国各 1 家。

发文量排名前三位的均为美国机构，且发文量接近。排名第一的为美国密苏里大学，发文量为 16 篇；排名第二的为美国农业部农业研究院，发文量为 15 篇；排名第三的是伊利诺伊大学，发文量为 14 篇。中国发文量最多的机构是中国农业科学院（包括中国农业科学院作物科学研究所和中国农业科学院油料作物研究所），发文量为 11 篇，在全球排名第四位。日本发文量最多的机构是东北大学，发文量为 5 篇；韩国发文量最多的机构是庆北国立大学，发文量为 4 篇。

图 6.20 为全球大豆表型组学主要发文机构合作关系图。中国机构中，中国农业科学院与其他机构的合作最为密切，合作机构除了

第6章 大豆分子育种热点主题态势分析

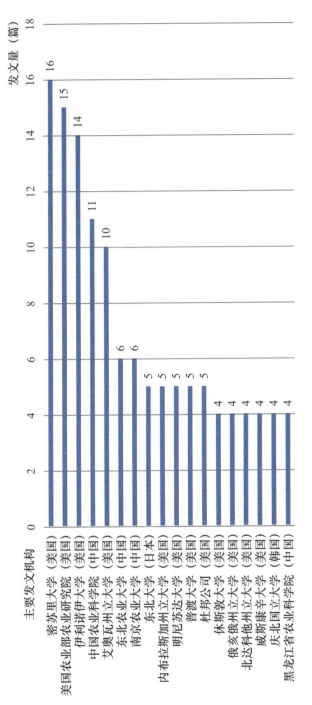

图 6.19 全球大豆表型组学主要发文机构

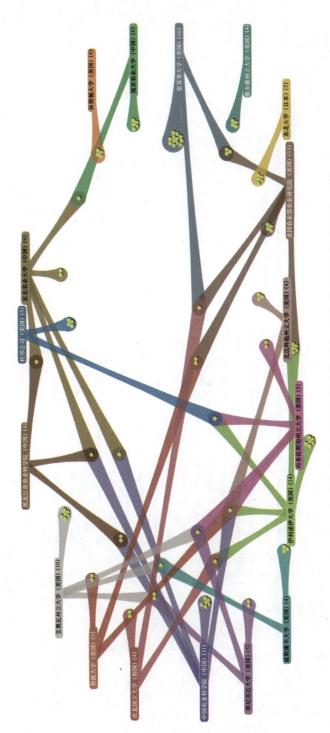

图6.20 全球大豆表型组学主要发文机构合作关系图（单位：篇）

第 6 章 大豆分子育种热点主题态势分析

国内的黑龙江省农业科学院和东北农业大学外，还与美国伊利诺伊大学开展国际合作；黑龙江省农业科学院4篇论文全部为合作发表。美国机构中，美国农业部农业研究院、艾奥瓦州立大学、伊利诺伊大学合作发文量相对较多；而发文量排名第一位的美国密苏里大学仅有4篇论文为合作完成，占比仅为1/4。韩国庆北国立大学合作完成2篇论文，而日本东北大学5篇论文均为独立完成。

6.3.3 高被引论文分析

本研究中将超过大豆表型组学论文被引次数基线的论文定义为高被引论文。

全球大豆表型组学领域共发表论文155篇，共被引用4376次，平均被引次数为4376/155≈28.23，故定义高被引论文基线为29，被引频次大于等于29的论文为高被引论文，共35篇。

如图6.21所示，全球大豆表型组学高被引论文来自17个国家，

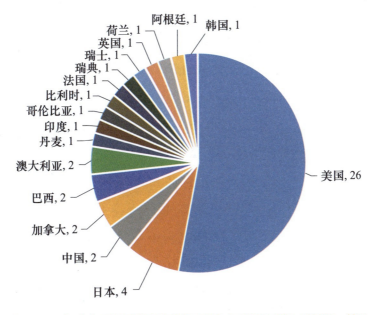

图 6.21　全球大豆表型组学高被引论文来源国家（单位：篇）

美国占有绝对优势，为26篇。日本总发文量虽然低于中国，但是高被引论文数量高于中国，为4篇。中国、加拿大和巴西高被引认文数量均为2篇，位列第三。

35篇高被引论文来自57家机构，但发文量2篇以上的机构（也是发文量TOP10机构）全部来自美国，说明美国在该领域内的论文质量较高。排名第一的伊利诺伊大学高被引论文数量为5篇，其次是密苏里大学和艾奥瓦州立大学，分别为4篇（见图6.22）。中国农业科学院总发文量为11篇，其中高被引论文仅有1篇。

6.3.4 研究热点分析

基于全球大豆表型组学相关论文的作者关键词字段和web of science数据库中keywords plus字段对技术热点进行聚类分析，图6.23显示的是共现关系大于等于5次的关键词，共有32个关键词满足要求。这些关键词根据共现强度被划分成了5个不同的聚类，同一聚类内的关键词有着相似性较高的技术主题：红色聚类包括soybean、identification、mutants、nodulation等9个关键词；蓝色聚类包括growth、protein、temperature等7个关键词；黄色聚类包括population、phenotype、resistance等4个关键词；绿色聚类包括QTL、trails、domstication等8个关键词；粉色聚类包括sequence、arabidopsis thaliana、markers 3个关键词。

图6.24展示了这些关键词的平均发文年代，可借此判断研究热点随时间的变化情况。2000—2005年热点主要集中在DNA、gene-expression、nodulation等；2005—2010年热点主要集中在mutants、inheritance、gene、markers、protein、components等；2010年后，soybean、rice、resistance、phenotype、loci等词开始出现；2015年后genome、QTL、seed、oil、traits、demostication成为热点词。

第 6 章 大豆分子育种热点主题态势分析

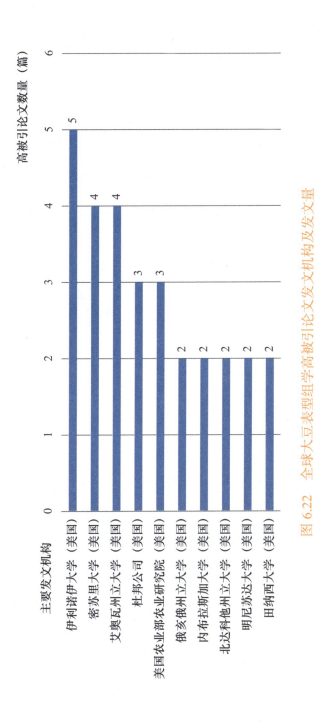

图 6.22 全球大豆表型组学高被引论文发文机构及发文量

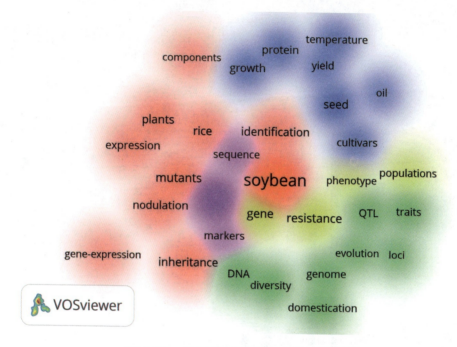

图 6.23　大豆表型组学技术热点聚类图

6.4　大豆固氮态势分析

将空气中的游离氮转化为化合态氮的过程称为固氮（Nitrogen Fixation），其主要分类有人工固氮、天然固氮和生物固氮。生物固氮是指固氮微生物在固氮酶的催化作用下将其中的氮还原成氨的过程，该方法固定的氮的含量远高于人工固氮和天然固氮，因此生物固氮在自然界的氮循环中具有重要的意义。生物固氮又分为自生固氮（固氮蓝藻）、联合固氮（固氮螺菌等）和共生固氮。根瘤菌属于共生固氮微生物的一类，它与豆科植物共生，形成根瘤并固定空气中的氮供给植物营养。

鉴于根瘤菌固氮的强大功能，许多研究人员对其固氮机制、特

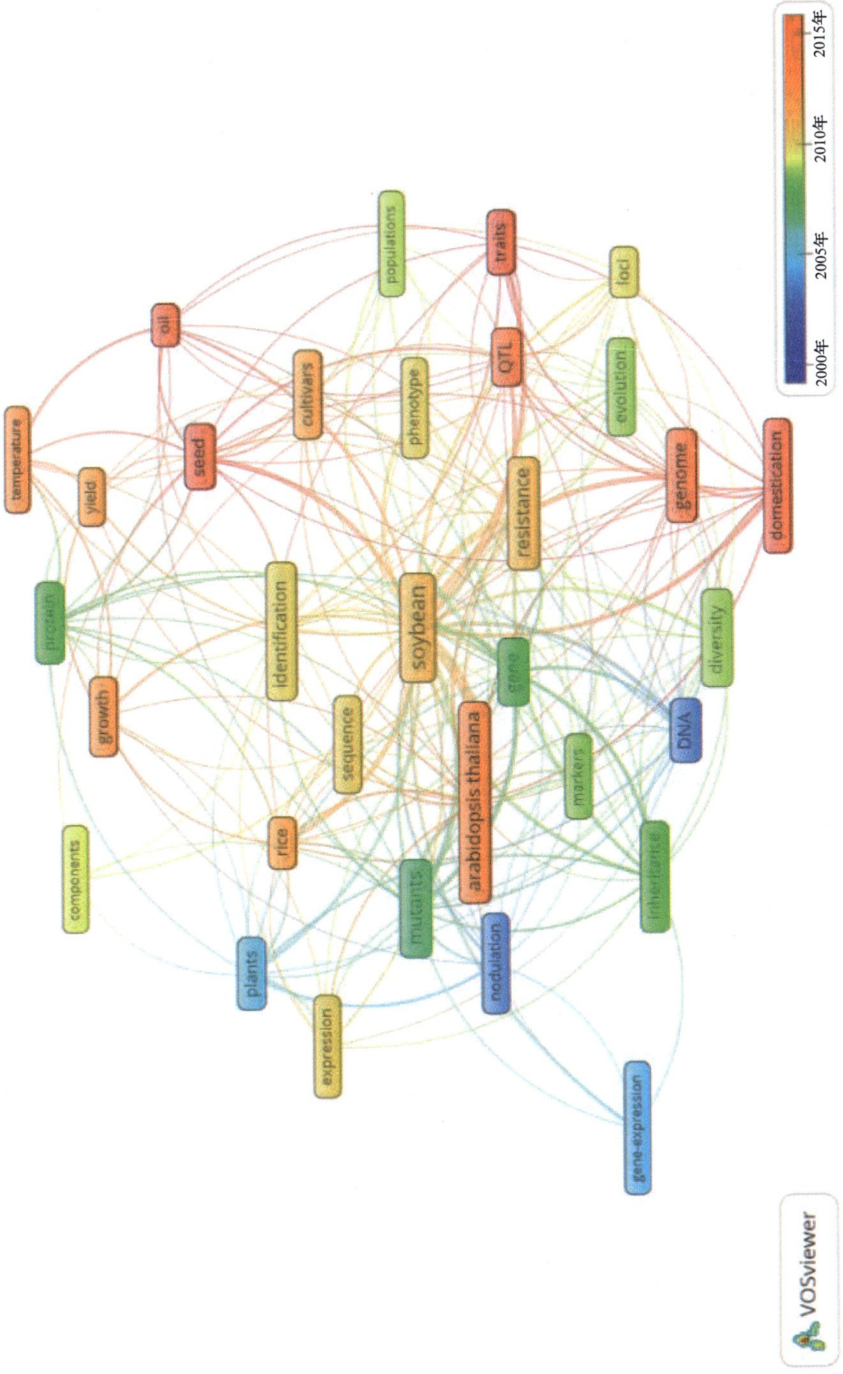

第 6 章 大豆分子育种热点主题态势分析

图 6.24 大豆表型组学技术热点年代分布

征特性、对宿主的浸染方式和产业化方式进行了系统的研究。在豆科植物固氮研究的应用方面，研究人员尝试将外源基因进行定位和克隆，再转化至根瘤菌中，培育出具有更强固氮能力、更高固氮效率和固氮活性的新根瘤菌；在基础理论研究方面，利用分子生物学方法对大豆固氮机制的探究仍在继续，重点在于探明根瘤菌与豆科植物共生固氮过程中双方有多少基因参与结瘤固氮过程，以期建立人工模拟生物固氮体系。研究人员也尝试识别根瘤菌对豆科植物的识别机制，利用人工方法打破识别机制的转移性，扩大根瘤菌感染宿主的范围。

本研究以大豆固氮为主题，合并根瘤菌（Rhizobium）、固氮酶（Nodule Nitrogenase）、根瘤（Nodule）等主题关键词构建检索式，并结合转基因技术、分子标记辅助选择、基因编辑、载体构建和分析方法5类技术关键词，对大豆固氮领域中分子育种技术研究情况进行分析。

截至2019年8月15日，共检索到大豆固氮相关论文4274篇。

6.4.1 论文产出分析

从全球大豆固氮相关论文年度发文量来看，可以划分为4个阶段。第一个阶段为初始阶段（1918—1965年）。该阶段持续时间较长，发文量徘徊不前。全球大豆固氮研究方面的论文最早发表于1918年，为Fellers C R等发表在 *Soil Science* 上的 *The effect of inoculation, fertilizer treatment and certain minerals on the yield, composition and nodule formation of soybeans*，可见20世纪早期就有学者对大豆根瘤、肥料、土壤之间的关系开展了相关研究。此后的近50年间，每年的发文量均低于10篇。第二个阶段（1966—1990年）为稳定发展阶段。在该阶段，发文量稳步增长。1966年，全球大豆固氮发文量首次达到两位数，为 11 篇，至 1990 年增长为 88 篇。第三个阶段为迅速发展阶段（1991—1999 年）。1991 年，发文量突增至 146 篇，比 1990 年的 88 篇增长了 66%。至 1999 年，每年的发文量均维持在 100 篇以上。第四个阶段为回落阶段（2000 年以后）。该阶段每年的发文量在 100 篇左右徘徊，虽然 2018 年仍高达 137 篇，但从总体上看，发文量低于第三个阶段（见图 6.25）。因此，从全球年度发文情况来看，全球固氮研究的热点阶段为 1991—1999 年。

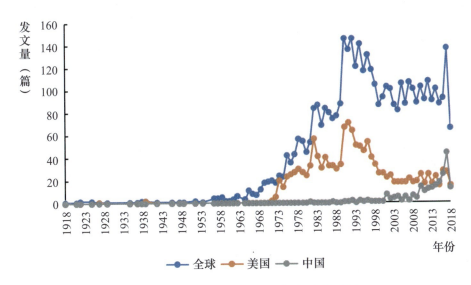

图 6.25　全球大豆固氮论文年度发文趋势

在大豆固氮领域，美国是最主要的发文国家，发文量居全球首位，且远远高于排名第二位的日本及其他国家/地区。美国全部作者、第一作者和通讯作者发文量分别为 1429 篇、1062 篇和 773 篇，分别为日本的 3.59、3.69 和 2.35 倍（见表 6.6）。

中国全部作者发文量为 219 篇，在全球排名第七位，第一作者和通讯作者发文量分别为 186 篇和 179 篇，均居全球第四位。

表 6.6 全球大豆固氮发文 TOP10 国家发文量

全部作者		第一作者		通讯作者	
国家	发文量（篇）	国家	发文量（篇）	国家	发文量（篇）
美国	1429	美国	1062	美国	773
日本	398	日本	288	日本	329
加拿大	283	加拿大	204	巴西	201
澳大利亚	276	中国	186	中国	179
巴西	225	巴西	186	加拿大	156
加拿大	283	加拿大	204	巴西	201
中国	219	西班牙	149	澳大利亚	155
法国	210	印度	137	西班牙	143
印度	196	法国	128	法国	110
英国	176	阿根廷	90	德国	103

图 6.26 为全球大豆固氮发文量 TOP10 国家年度发文趋势。可以看出，1991 年后发文更为集中且数量比较稳定。美国 1927 年发表了第 1 篇论文，为伊利诺伊大学 Sears Oh 和 Carroll Wr 发表在 *Soil Science* 上的 *Cross inoculation with cowpea and soybean nodule bacteria*。20 世纪 70 年代中期至 90 年代末期，是美国论文高发时期，1992 年发文量最多，为 71 篇。日本 1976 年发表了该领域的第 1 篇论文，为日本东北国家农业实验室（Tohoku Natl Agr Expt Stn，Japan）Koji Hashimoto 和 Hin-ichi Yamasaki 发表在 *Soil Science And Plant Nutrition* 上的 *Effects of molybdenum application on yield, nitrogen nutrition and nodule development of soybeans*，且直到 2019 年其发文量都相对稳定。中国 1982 年才发表了该领域的第 1 篇论文，为中国农业科学院、美国夏威夷大学、美国农业部合作发表在 *Science*

上的 *Fast-growing rhizobia isolated from root-nodules of soybean*。2011年后，中国发文量快速增长，2011年发文14篇，超过日本居世界第二位；2018年发文44篇，超过美国，首次居全球第一位。由此也可以认为，中国关于大豆固氮的研究晚于美国和日本等国家。

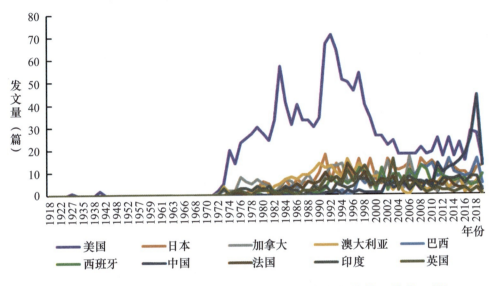

图 6.26　全球大豆固氮发文量 TOP10 国家年度发文趋势（单位：篇）

6.4.2　主要发文机构分析

全球大豆固氮论文发表数量 TOP30 机构及其发文量如表 6.7 所示。从表 6.7 中可以看出，不论是全部作者、第一作者还是通讯作者，发文量排名前 30 位的机构，美国占有绝对优势。美国农业部农业研究院、美国密苏里大学和巴西农业研究公司在该领域的发文量占据了全部作者、第一作者、通讯作者发文量的前 3 位。亚洲国家中，中国、日本有机构通讯作者发文排名 TOP10，日本机构主要有东北大学、九州大学。中国机构仅有中国农业大学通讯作者发文量为 32 篇，排名第十位。TOP10 机构以国家研究院及大学为主。

表 6.7 全球大豆固氮论文发表数量 TOP30 机构及其发文量

全部作者		第一作者		通讯作者	
机构	发文量（篇）	机构	发文量（篇）	机构	发文量（篇）
美国农业部农业研究院（美国）	195	密苏里大学（美国）	124	美国农业部农业研究院（美国）	107
密苏里大学（美国）	167	美国农业部农业研究院（美国）	82	巴西农业研究公司（巴西）	87
巴西农业研究公司（巴西）	110	巴西农业研究公司（巴西）	76	密苏里大学（美国）	79
国家农业科学研究院（法国）	97	麦吉尔大学（加拿大）	68	麦吉尔大学（加拿大）	53
明尼苏达大学（美国）	95	明尼苏达大学（美国）	64	国家农业科学研究院（法国）	47
麦吉尔大学（加拿大）	94	北卡罗来纳州大学（美国）	62	国家研究委员会（西班牙）	46
北卡罗来纳州大学（美国）	91	国家研究委员会（西班牙）	52	佛罗里达大学（美国）	39
国家研究委员会（西班牙）	78	田纳西大学（美国）	52	东北大学（日本）	34
苏黎世联邦理工学院（瑞士）	78	内布拉斯加州大学（美国）	50	塞维利亚大学（西班牙）	34
联邦科学与工业研究组织（澳大利亚）	69	国家农业科学研究院（法国）	50	中国农业大学（中国）	32
佛罗里达大学（美国）	69	佛罗里达大学（美国）	43	明尼苏达大学（美国）	31
田纳西大学（美国）	69	伊利诺伊大学（美国）	38	九州大学（日本）	30

表 6.8 为中国大豆固氮论文发文量 TOP10 机构。中国科学院排名第一位，中国农业大学和中国农业科学院分列第二位和第三位。机构性质与全球相似，以国家研究所及大学为主。

表 6.8 中国大豆固氮论文发文量 TOP10 机构

排名	机构	发文量（篇）
1	中国科学院	42
2	中国农业大学	40
3	中国农业科学院	35
4	华南农业大学	21
5	华中农业大学	19
6	黑龙江省农业科学院	15
7	南京农业大学	15
8	福建农林大学	12
8	西北农林科技大学	9
10	中国科学院大学	7

全球大豆固氮论文所有作者发文量排名前 10 位的机构之间保持着紧密的合作关系（见图 6.27）。这 12 家机构均存在合作发文的情况。美国农业部农业研究院、美国明尼苏达大学、瑞士苏黎世联邦理工学院、美国密苏里大学等机构合作发文程度较高。

6.4.3 技术分类

本研究分别将 5 类分子育种技术与大豆固氮合并检索，5 类技术分别为转基因技术、分析方法、载体构建、分子标记辅助选择和基因编辑。全球大豆固氮论文各技术分类发文量如图 6.28 所示。其中转基因技术占比最高，为 30.8%；随后为分析方法、载体构建和分子标记辅助选择，基因编辑占比最少。

全球大豆分子育种技术发展态势研究

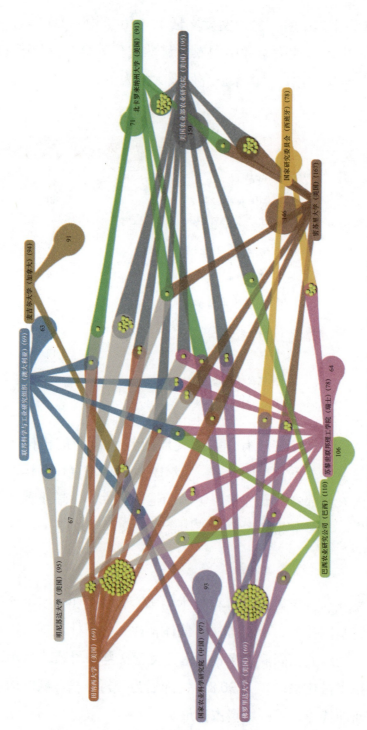

图 6.27 全球大豆固氮论文发文量排名前 10 位机构合作关系图（单位：篇）

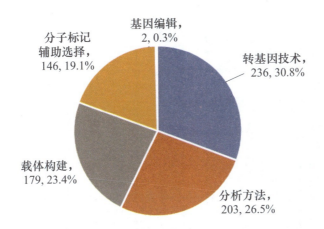

图 6.28　全球大豆固氮论文各技术分类发文量（单位：篇）

从各技术分类发文量年度变化趋势可以看出，2005 年以后，大豆固氮领域转基因技术和分析方法的论文保持着较多数量，说明研究人员对这两类论文一直有高度的热情，是重点研究的方向；载体构建发文量较多的年份为 1992 年和 1997 年，此后一直为个位数，说明对该方向的研究已逐渐降温；分子标记辅助选择方向发文量较多的年份为 2008 年、2009 年和 2012 年，此后也逐渐下降，这与载体构建方向的年度发文趋势相似。基因编辑方向的论文仅在 2016 年和 2017 年各出现 1 篇，说明该方向研究较少，可能是下一个研究热点（见图 6.29）。

表 6.9 为全球大豆固氮论文各技术分类国家分布情况。可以看出，在大豆固氮研究领域，美国更为关注转基因技术和载体构建，中国在分析方法方向上占有一定优势，日本在上述 3 个方向，以及分子标记辅助选择方向上，论文数量接近。基因编辑方向的论文来自美国和中国，且两国之间已经开始开展合作研究。

发表年份	1980	1981	1983	1986	1987	1990	1991	1992	1993	1994	1995	1996	1997	1998	1999	2000	2001	2002
转基因技术				1	2		7	5	6	5		10	7	7	4	4	2	5
分析方法		1	1	1			2	3	3		8	4	4	5	5		5	8
载体构建	1	1				1	3	13	8	8	7	7	10	7	6	6	8	7
分子标记辅助选择							1		1	2	1	2	3	3	5	4	3	4
基因编辑																		

发表年份	2003	2004	2005	2006	2007	2008	2009	2010	2011	2012	2013	2014	2015	2016	2017	2018	2019	合计
转基因技术	8	9	7	8	7	10	10	8	15	7	11	11	12	6	12	16	6	236
分析方法	6	6	3	7	10	9	9	10	11	9	10	12	12	13	12	18	3	203
载体构建	6	8	4	4	4	6	4	7	4	3	4	3	6	5	5	6	6	179
分子标记辅助选择	4	3	6	8	9	14	13	5	7	15	5	4	6	3	7	7	1	146
基因编辑															1			2

图 6.29　全球大豆固氮论文技术分类年度趋势（单位：篇）

表 6.9 全球大豆固氮论文各技术分类国家分布情况

转基因技术		分析方法		载体构建		分子标记辅助选择		基因编辑	
国家	发文量（篇）	国家	发文量（篇）	国家	发文量（篇）	国家	发文量（篇）	国家	发文量（篇）
美国	79	中国	55	美国	77	美国	36	美国	2
中国	55	美国	50	日本	20	日本	24	中国	1
日本	19	日本	29	法国	16	中国	18	—	—
巴西	17	墨西哥	18	中国	15	巴西	14		
法国	16	德国	13	加拿大	14	印度	11		
墨西哥	15	西班牙	12	西班牙	14	瑞士	10		
澳大利亚	15	韩国	10	澳大利亚	13	西班牙	10		
韩国	11	澳大利亚	10	德国	12	韩国	9		
西班牙	10	瑞士	10	瑞士	10	澳大利亚	8		
加拿大	9	加拿大	9	墨西哥	8	法国	7		

图 6.30 为全球大豆固氮各技术分类主要机构及其发文量，美国密苏里大学、美国农业部农业研究院、美国唐纳德丹佛斯植物科学中心、德国马克斯-普朗克研究所占据了不同技术分类的主要地位。中国农业大学、中国农业科学院在大豆固氮领域转基因技术、分析方法方向上优势较为明显；黑龙江省农业科学院、华南农业大学在分析方法方向上，中国农业大学、华中农业大学在分子标记辅助选择方向上也处于前列；中国聊城大学在国内首次开展了基因编辑方向的研究。

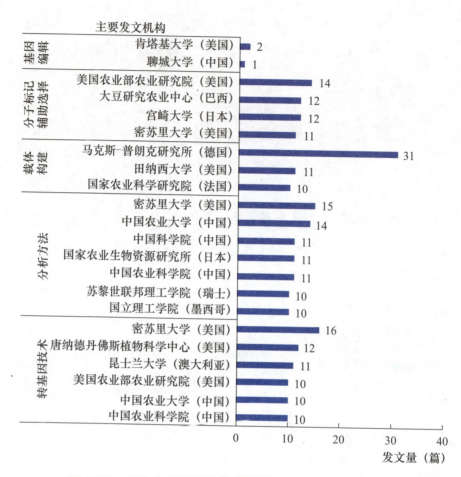

图 6.30 全球大豆固氮各技术分类主要机构及其发文量

6.4.4 高被引论文

本研究中将超过大豆固氮论文被引次数基线的论文定义为高被引论文。

全球大豆固氮领域共发表论文 4274 篇，共被引用 109463 次，平均被引次数为 $109463/4274 \approx 25.61$，故定义高被引论文基线为 26，被引频次大于等于 26 的论文为高被引论文，共 1284 篇。

全部论文引用次数最高的为 921 次，为美国 DJ Bradley、

P Kjellbom 和 CJ Lamb 于 1992 年发表在 *CELL* 上的 *Elicitor-induced and wound-induced oxidative cross-linking of a proline-rich plant-cell wall protein - a novel, rapid defense response*。

全球大豆固氮高被引论文来自 66 个国家，表 6.10 为全球大豆固氮高被引论文 TOP10 国家及其发文量。可以看出，不论是全部作者、第一作者还是通讯作者方面，美国的高被引论文数均居首位。澳大利亚不同作者类型的论文数量虽然不具有明显优势，但高被引论文数均排名第二位。中国不同作者类型高被引论文数排名均为第十一位，低于其发文量的排名，可见中国在该领域的论文质量还有待提高。

表 6.10 全球大豆固氮高被引论文 TOP10 国家及其发文量

全部作者		第一作者		通讯作者	
国家	发文量（篇）	国家	发文量（篇）	国家	发文量（篇）
美国	547	美国	420	美国	293
澳大利亚	127	澳大利亚	78	澳大利亚	73
加拿大	101	加拿大	66	日本	53
英国	84	西班牙	60	西班牙	51
西班牙	81	日本	48	加拿大	50
法国	73	瑞士	47	英国	46
日本	69	英国	43	巴西	37
德国	66	法国	40	德国	37
瑞士	63	巴西	37	法国	37
巴西	44	德国	33	瑞士	33

高被引论文主要发文机构为美国农业部农业研究院、美国密苏里大学、美国田纳西大学、巴西农业研究公司、澳大利亚国立大

| 全球大豆分子育种技术发展态势研究 |

学。巴西农业研究公司第一作者和通讯作者高被引论文数量分别为27篇和26篇，排名全球第三位（见表6.11）。在大豆固氮领域，巴西农业研究公司是一家值得关注的机构。

表 6.11 全球大豆固氮高被引论文发文机构及数量

全部作者		第一作者		通讯作者	
机构	发文量（篇）	机构	发文量（篇）	机构	发文量（篇）
美国农业部农业研究院（美国）	87	密苏里大学（美国）	50	美国农业部农业研究院（美国）	46
密苏里大学（美国）	63	田纳西大学（美国）	32	密苏里大学（美国）	28
澳大利亚国立大学（澳大利亚）	40	巴西农业研究公司（巴西）	27	巴西农业研究公司（巴西）	26
田纳西大学（美国）	40	美国农业部（农业研究院）（美国）	27	麦吉尔大学（加拿大）	22
苏黎世联邦理工学院（瑞士）	40	麦吉尔大学（加拿大）	25	佛罗里达大学（美国）	19
麦吉尔大学（加拿大）	39	国家研究委员会（西班牙）	24	国家研究委员会（西班牙）	17
联邦科学与工业研究组织（澳大利亚）	38	佛罗里达大学（美国）	23	田纳西大学（美国）	17
佛罗里达大学（美国）	35	明尼苏达大学（美国）	22	澳大利亚国立大学（澳大利亚）	16
明尼苏达大学（美国）	34	澳大利亚国立大学（澳大利亚）	22	联邦科学与工业研究组织（澳大利亚）	16
伊利诺伊大学（美国）	32	苏黎世联邦理工学院（瑞士）	19	苏黎世联邦理工学院（瑞士）	15

6.5 抗病大豆育种

长期以来，大豆各种病害给大豆植株正常生长带来巨大影响，导致大豆减产，甚至绝收，使大豆产量严重降低，传统农业的化学防治方法虽然可以在短时间内对大豆病害起到一定作用，但却会产生抗药性、环境污染等问题。研究抗性遗传机制，进行抗性遗传育种对大豆生产具有重要意义，也成为大豆育种研究的重要方向。随着大豆全基因组序列的公布，以 SNP 为代表的新一代分子标记技术使大豆抗病分子标记辅助育种得以快速发展；同时，转基因技术、载体构建和基因编辑等技术在大豆抗病育种中的应用也备受关注。

截至 2019 年 10 月 25 日，共检索到大豆抗病育种相关论文 1401 篇。

6.5.1 论文产出分析

本研究的大豆病害包括 8 种大豆常见病，分别为大豆胞囊线虫病、疫霉根腐病、烟草花叶病毒病、大豆锈病、菌核病、细菌性斑点病、灰斑病和炭疽病；涉及 5 类分子育种技术，分别为分子标记辅助选择、分析方法、转基因技术、载体构建和基因编辑。

图 6.31 为全球大豆抗病育种论文年度发文趋势，1929 年发表了该领域的第 1 篇论文，1952 年发表 2 篇论文，由于发文量较少且年代不连贯，未在图中体现这两年的数据，本节其他图同上。该领域发表的第 1 篇论文为 1929 年发表于 *Journal of Agricultural Research* 上的 *Varietal resistance of soybean to the bacterial pustule disease*。从第 1 篇论文发表到 2019 年，发文量呈现初期低水平徘徊，然后快速增长，再缓慢下降的趋势。1990 年之前，全球大豆抗病论文发文量较低，1991 开始有较大幅度增长，之后在波动中总体保持增长态

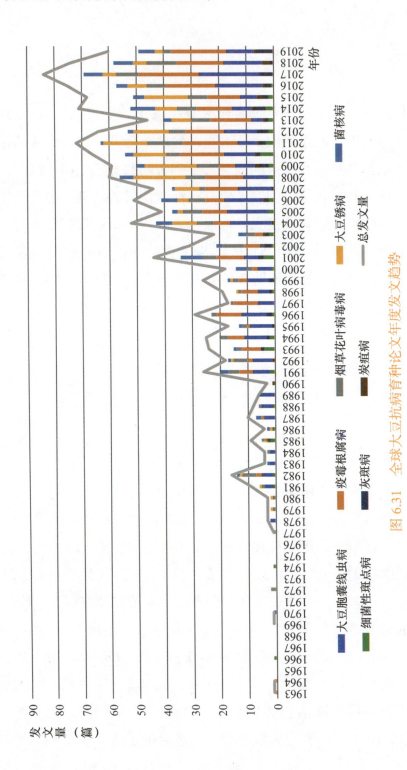

图 6.31 全球大豆抗病育种论文年度发文趋势

势,且每10年会出现一个小高峰。1991年发文量为26篇,2001年为44篇,2011年为72篇。该领域发文量最多的年份为2017年,发文量为84篇,随后出现下降。

6.5.2 主要发文国家/地区

表6.12为全球大豆抗病育种发文国家/地区分布。在大豆抗病育种领域的发文作者来自56个国家/地区,排在前10位的分别是美国、中国、巴西、加拿大、韩国、日本、印度、德国、澳大利亚和阿根廷,但发文量主要集中在发文排名前3位的国家/地区。美国发文量居全球首位,为915篇,占全球发文总量的65.31%;排名第二位的为中国,发文量为216篇;排名第三位的为巴西,发文量为129篇。3个国家发文量占全球发文总量的89.94%。通讯作者和第一作者发文量排名前3位的国家/地区也为美国、中国和巴西。

表6.12 全球大豆抗病育种发文国家/地区分布

全部作者		通讯作者		第一作者	
国家/地区	发文量(篇)	国家/地区	发文量(篇)	国家/地区	发文量(篇)
美国	915	美国	661	美国	786
中国	216	中国	179	中国	182
巴西	129	巴西	96	巴西	98
加拿大	94	加拿大	61	加拿大	61
韩国	47	日本	41	日本	36
日本	46	韩国	32	韩国	30
印度	29	印度	17	印度	17
德国	28	德国	17	德国	17
澳大利亚	17	澳大利亚	13	澳大利亚	12
阿根廷	11	尼日利亚	7	尼日利亚	6

图 6.32 为全球大豆抗病论文主要发文国家年度发文趋势。从总体上看，1995 年后，TOP10 国家/地区发文总体趋于稳定。从不同国家看，美国发文最早且持续性好。美国于 1972 年发表了第一篇论文，至 2019 年，每年都有论文发表。中国起步较晚，1997 年发表第 1 篇论文，但发文量增长较快，2010 年达到 12 篇，跃居世界第二位，并保持至 2019 年。巴西、加拿大、韩国发文量有所波动，但总体数量偏少。

图 6.33 为全球大豆抗病育种 TOP10 发文国家/地区合作关系图。从图 6.33 中可以看出，各个国家/地区之间的合作密切程度很高。美国与其他 9 个国家/地区均有合作；中国与美国合作关系最为密切，与巴西、阿根廷等国家也有少量合作，与韩国还未进行过合作。

6.5.3 主要发文机构分析

全球大豆抗病育种论文数量 TOP10 机构及其发文量如表 6.13 所示。从表 6.13 中可以看出，不论是全部作者、通讯作者还是第一作者，发文量排名前 10 位的机构，美国占大多数。美国农业部农业研究院、美国伊利诺伊大学、美国艾奥瓦州立大学、德国马克斯 - 普朗克研究所、中国南京农业大学、美国俄亥俄州立大学在全部作者、通讯作者和第一作者发文量方面均处于领先地位。中国南京农业大学、中国农业科学院进入排名 TOP10 的机构行列，南京农业大学是国内发文量最多的机构，其全部作者、通讯作者和第一作者发文量分别为 64 篇、55 篇和 52 篇，全部作者发文量居全球第六位。

第6章 大豆分子育种热点主题态势分析

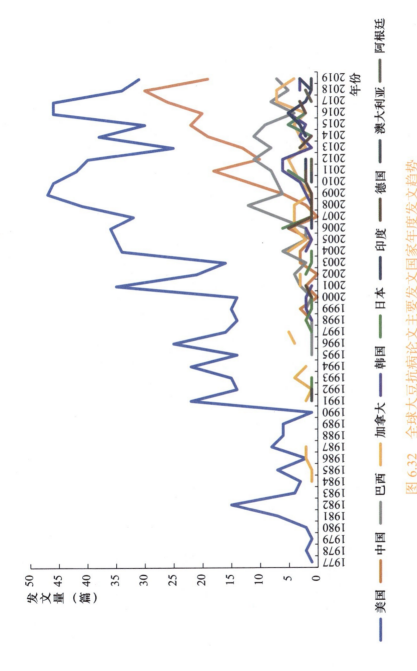

图 6.32 全球大豆抗病论文主要发文国家年度发文趋势

全球大豆分子育种技术发展态势研究

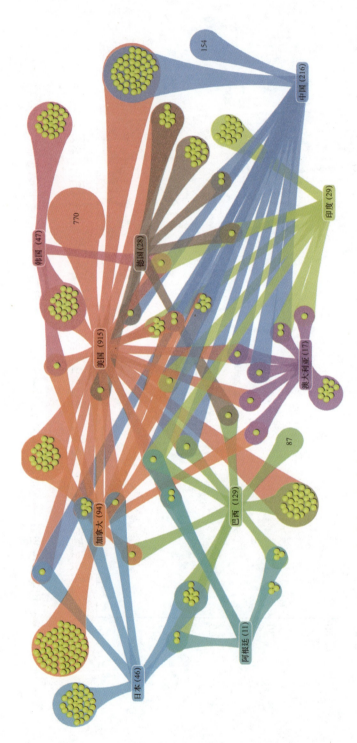

图 6.33 全球大豆抗病育种 TOP10 发文国家/地区合作关系图（单位：篇）

表 6.13 全球大豆抗病育种论文数量 TOP10 机构及其发文量

全部作者		通讯作者		第一作者	
机构	发文量（篇）	机构	发文量（篇）	机构	发文量（篇）
美国农业部农业研究院（美国）	241	美国农业部农业研究院（美国）	105	伊利诺伊大学（美国）	109
伊利诺伊大学（美国）	172	伊利诺伊大学（美国）	90	美国农业部农业研究院（美国）	98
艾奥瓦州立大学（美国）	110	马克斯-普朗克研究所（德国）	60	艾奥瓦州立大学（美国）	67
马克斯-普朗克研究所（德国）	98	南京农业大学（中国）	55	俄亥俄州立大学（美国）	63
俄亥俄州立大学（美国）	91	俄亥俄州立大学（美国）	50	南京农业大学（中国）	52
南京农业大学（中国）	64	艾奥瓦州立大学（美国）	50	马克斯-普朗克研究所（德国）	48
加拿大农业与农业食品部（加拿大）	60	阿肯色大学（美国）	35	阿肯色大学（美国）	39
巴西农业研究公司（巴西）	60	巴西农业研究公司（巴西）	31	弗吉尼亚理工大学（美国）	33
阿肯色大学（美国）	60	南伊利诺伊大学（美国）	29	南伊利诺伊大学（美国）	32
弗吉尼亚理工大学（美国）	59	中国农业科学院（中国）	28	威斯康星大学系统（美国）	28

图 6.34 为全球大豆抗病育种论文 TOP10 机构合作关系图，这些机构之间保持着较为紧密的合作关系。可以看出，美国、德国和加拿大的机构之间的合作相对更为紧密，中国的南京农业大学仅与美国弗吉尼亚大学合作发文量超过 2 篇，而巴西农业研究公司合作发文量 2 篇以上的机构数为 0。

全球大豆分子育种技术发展态势研究

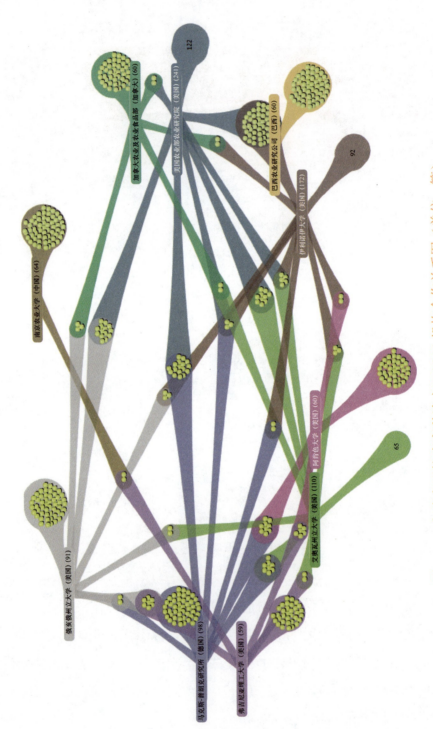

图 6.34 全球大豆抗病育种论文 TOP10 机构合作关系图（单位：篇）

6.5.4 大豆病害种类及育种技术

本书共研究了 8 种大豆常见病的论文情况,分别为大豆胞囊线虫病、疫霉根腐病、烟草花叶病毒病、大豆锈病、菌核病、细菌性斑点病、灰斑病和炭疽病。图 6.35 展示了全球大豆抗病育种论文病害种类分布情况。可以看出,抗大豆胞囊线虫病的论文数量最多,为 391 篇,占比为 32%;接下来依次是抗疫霉根腐病(298 篇,24%)、抗烟草花叶病毒(165 篇,13%)和抗大豆锈病(163 篇,13%)。关于大豆抗炭疽病的论文数量最少,为 20 篇,占比为 2%。

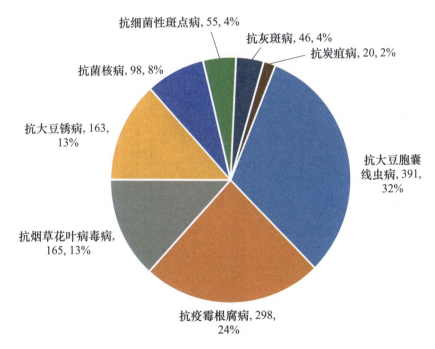

图 6.35 全球大豆抗病育种论文病害种类分布情况

大豆抗病育种各病害种类年度发文趋势显示(见图 6.36),抗细菌性斑点病是最早有相关研究的,1929 年发表的第 1 篇论文即研究了该病,但是关于该病的论文未形成热点,年度发文量最多时

发表年份	1929	1951	1963	1964	1966	1969	1970	1972	1974	1977	1978	1979	1980	1981	1982	1983	1984	1985	1986	1987	1988	1989	1990	1991	1992	1993
疾病种类																										
抗大豆胞囊线虫病			1								2			4	5		2			4	5	6		8	8	5
抗疫霉根腐病										1		1		1				3		1				5	2	7
抗烟草花叶花叶病毒病				1				2				1			5		1							4	5	2
抗大豆锈病												1		1	1	1			1						1	
抗菌核病		1			1				1										1	2			3		1	1
抗细菌性叶斑病		2				1								1	1	1	2	2	1		1			2		4
抗灰斑病																										1
抗炭疽病																			1				1		1	

发表年份	1994	1995	1996	1997	1998	1999	2000	2001	2002	2003	2004	2005	2006	2007	2008	2009	2010	2011	2012	2013	2014	2015	2016	2017	2018	2019
疾病种类																										
抗大豆胞囊线虫病	11	9	12	6	6	10	6	11	5	4	16	17	18	13	11	14	18	13	18	8	15	12	21	27	18	17
抗疫霉根腐病	6	1	9	6	1	3	2	10	6	3	6	9	7	12	14	6	16	20	14	15	13	12	18	22	17	20
抗烟草花叶花叶病毒病	3	2	2	1	1	2	2	5	8	3	6	7	6	2	7	8	5	13	6	7	7	16	7	8	11	3
抗大豆锈病					1	1	1	0	0	0	9	2	4	9	19	19	12	16	13	7	8	4	7	5	5	3
抗菌核病	2		1	1	1	4	1	4	2	3	6	2	6	7	5	3	3	1	2	3	9	2	4	7	5	6
抗细菌性叶斑病	1	1		1	1		1	2	1		3	2	2	3	2	2	5	3	3	2	3	2	1	1	1	1
抗灰斑病	1	2				2	1	2	2	2	1	2	2	1	3	3	2	2	2	1	4	1	5		1	6
抗炭疽病								1	1	1	1				2					2	1	2			3	1

图 6.36 大豆抗病育种各病害种类年度发文趋势

仅为5篇，2017年后发文量为0。抗大豆胞囊线虫病和抗疫霉根腐病的发文量2004年之后逐渐增加，目前仍是发文量较多的病害种类。抗大豆锈病的发文量在2008—2012年和2015年出现了发文高峰，之后快速下降。抗菌核病、抗灰斑病和抗炭疽病的论文发文时间较晚，分别为1982年、1993年和1985年，且未形成发文高峰。

图6.37为全球大豆抗病育种论文TOP10国家/地区病害种类情况。从图6.37中可以看出，各个国家/地区发文的关注重点略有不同。美国发文量最多的为抗大豆胞囊线虫病，其次为抗疫霉根腐病，排在第三位的为抗烟草花叶病毒病。中国发文量最多的是抗疫霉根腐病，其次为抗烟草花叶病毒病，排在第三位的是抗大豆胞囊线虫病。发文总量全球排名第三位的巴西，在抗大豆锈病方面的发文量最多，其次为抗大豆胞囊线虫病。同为亚洲国家的韩国发文量最多的为抗烟草花叶病毒病。

图6.38为全球大豆抗病育种TOP10机构病害种类分布。除美国农业部农业研究院和伊利诺伊大学在8种病害领域均有论文发表外，其他机构对于大豆病害的研究各有侧重。例如，德国马克斯－普朗克研究所的论文主要集中在抗大豆胞囊线虫病，美国俄亥俄州立大学的论文主要集中在抗疫霉根腐病。中国的南京农业大学的论文主要集中在抗疫霉根腐病和抗烟草花叶病。

图6.39为全球大豆抗病育种论文技术分布。从图6.39中可以看出，分子标记辅助选择和分析方法是8种抗病育种研究中均涉及或运用到的技术，且分子标记辅助选择相关发文量较多；基因编辑目前则只与抗疫霉根腐病有关。

图 6.37 全球大豆抗病育种论文 TOP10 国家/地区病害种类情况（单位：篇）

第 6 章 大豆分子育种热点主题态势分析

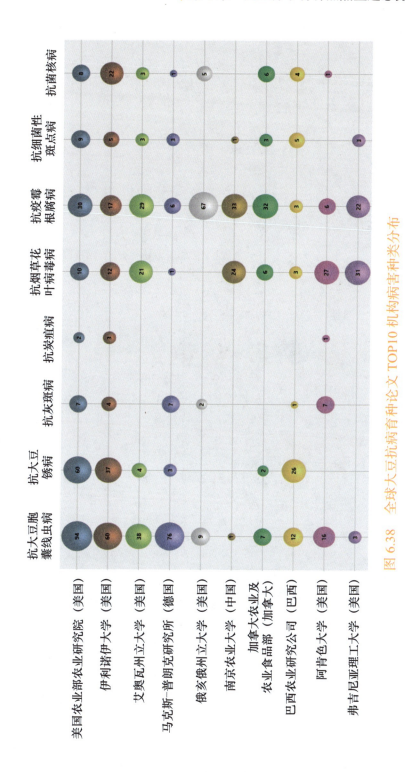

图 6.38 全球大豆抗病育种论文 TOP10 机构病害种类分布

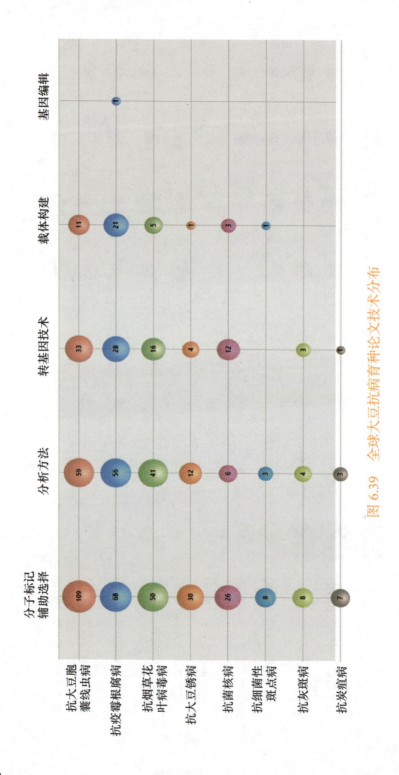

图 6.39 全球大豆抗病育种论文技术分布

6.5.5 高被引论文

本研究将超过大豆抗病育种论文被引次数基线的论文定义为高被引论文。

全球大豆抗病育种领域共发表论文 1401 篇，共被引用 26187 次，平均被引次数为 26187/1401≈18.69，故定义高被引论文基线为 19，被引频次大于等于 19 的论文为高被引论文，共 424 篇。其中，被引频次在 19～100 次的 392 篇；101～200 次的 23 篇；201～300 次的 5 篇；301～400 次的 2 篇；401 次及以上的 2 篇。

引用次数最高的论文为加拿大萨克生物研究学院的 Louise F. Brisson、Raimund Tenhaken 和 Chris Lamb 于 1994 年发表在 *The Plant Cell* 上的 *Function of oxidative cross-linking of cell-wall structural proteins in plant-disease resistance*，被引用次数为 463 次。另一篇被引用次数超过 400 次的论文是美国艾奥瓦州立大学的 Kanazin V、Marek LF 和 Shoemaker RC 于 1996 年发表在 *Proceedings of The National Academy of Sciences of The United States of America* 上的 *Resistance gene analogs are conserved and clustered in soybean*。

全球大豆抗病育种高被引论文的作者来自 31 个国家/地区。表 6.14 为全球大豆抗病育种高被引论文 TOP10 发文国家/地区及其发文量。可以看出，不论是全部作者、通讯作者还是第一作者高被引发文量，美国的发文量均居首位，分别为 319 篇、265 篇和 276 篇，实现了论文数量的质量双冠。中国大陆地区全部作者、通讯作者和第一作者的高被引发文量虽与美国存在较大差距，但数量仍居全球第二位，分别为 43 篇、33 篇和 34 篇。

从高被引论文 TOP10 发文机构可以看出，美国机构数量最多，其他机构来自中国、德国、加拿大和巴西（见表 6.15）。

表 6.14　全球大豆抗病育种高被引论文 TOP10 发文国家/地区及其发文量

全部作者		通讯作者		第一作者	
国家/地区	发文量（篇）	国家/地区	发文量（篇）	国家/地区	发文量（篇）
美国	319	美国	265	美国	276
中国大陆地区	43	中国大陆地区	33	中国大陆地区	34
加拿大	33	加拿大	20	加拿大	19
巴西	25	日本	17	巴西	15
日本	20	巴西	14	日本	14
韩国	19	韩国	11	韩国	11
德国	9	德国	7	德国	7
澳大利亚	9	澳大利亚	7	澳大利亚	5
印度	6	尼日利亚	4	印度	3
法国	6	中国台湾地区	2	尼日利亚	3

表 6.15　全球大豆抗病育种高被引论文 TOP10 发文机构及其发文量

全部作者		通讯作者		第一作者	
机构	发文量（篇）	机构	发文量（篇）	机构	发文量（篇）
美国农业部农业研究院（美国）	90	美国农业部农业研究院（美国）	34	伊利诺伊大学（美国）	36
伊利诺伊大学（美国）	56	伊利诺伊大学（美国）	33	美国农业部农业研究院（美国）	26
艾奥瓦州立大学（美国）	41	马克斯-普朗克研究所（德国）	25	弗吉尼亚理工大学（美国）	23
马克斯-普朗克研究所（德国）	40	俄亥俄州立大学（美国）	22	俄亥俄州立大学（美国）	22
弗吉尼亚理工大学（美国）	37	弗吉尼亚理工大学（美国）	20	艾奥瓦州立大学（美国）	22

(续表)

全部作者		通讯作者		第一作者	
机构	发文量（篇）	机构	发文量（篇）	机构	发文量（篇）
俄亥俄州立大学（美国）	31	艾奥瓦州立大学（美国）	19	马克斯-普朗克研究所（德国）	20
加拿大农业及农业食品部（加拿大）	25	南伊利诺伊大学（美国）	16	南伊利诺伊大学（美国）	15
南伊利诺伊大学（美国）	20	南京农业大学（中国）	12	南京农业大学（中国）	13
南京农业大学（中国）	18	加拿大农业及农业食品部（加拿大）	9	明尼苏达大学（美国）	9
阿肯色大学（美国）	17	阿肯色大学（美国）	9	阿肯色大学（美国）	9

6.5.6 研究热点分析

本研究基于全球抗病大豆育种领域2010—2019年发表的680篇论文的全部关键词（作者关键词与web of science keywords plus），利用VOSviewer软件对该领域的主题聚类和热点进行挖掘，生成聚类图和热点图。

全球抗病大豆育种领域关键词聚类图如图6.40所示，每个颜色代表一个聚类，可见全球大豆抗病育种领域共有5个聚类：红色聚类由resistence、infection、pathogen、expression、arahidopsis等83个关键词组成；绿色聚类由heterodera-glycines、quantitative trait locous（loci）、population、germplasm、registration、cyst-nematode等70个关键词组成；蓝色聚类由inheritance、conferring resistance、cultivars、markers、sequence、strains、soybean mosaic virus等50个

关键词组成；黄色聚类由 identification、glycine max、locus、genes、phakopsora-pachyrhizi 等 31 个关键词组成；紫色聚类由 root-rot、tolerance、linkage-map、partial resistance、rps8 maps 等 25 个关键词组成。

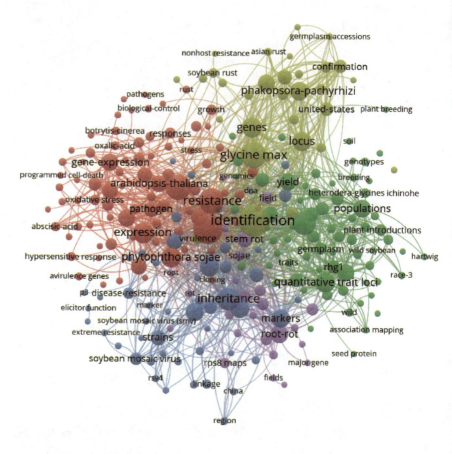

图 6.40　全球抗病大豆育种领域关键词聚类图

全球抗病大豆育种领域研究热点图如图 6.41 所示，热点图中红色、橙色的位置代表该领域的研究热点。可以看出，identification、resistance、inheritance、quantitative trait loci、glycine max、phakopsora-pachyrhizi、markers、arabidopsis 等为该领域的研究热点。

第 6 章 大豆分子育种热点主题态势分析

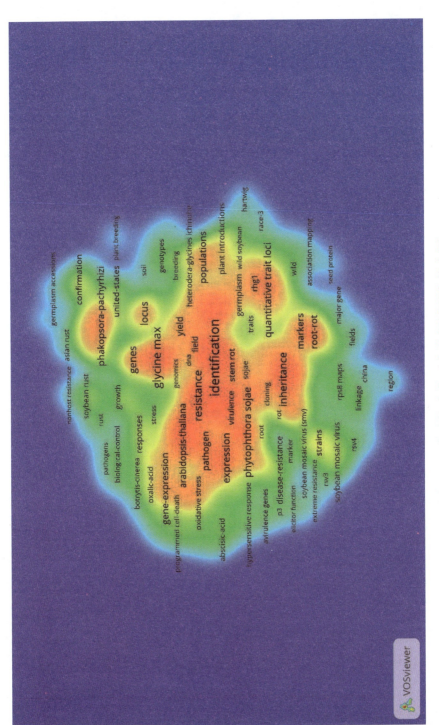

图 6.41 全球抗病大豆育种领域研究热点图

6.6 优质大豆育种

大豆是重要的植物油脂和植物蛋白来源。其优质蛋白质含量为38%～42%，氨基酸组成接近世界卫生组织关于人类蛋白质营养的推荐值。同时，优质大豆逐渐被广泛应用于食品、饲料、医药等领域。与之相适应，对大豆育种方向和技术也提出了更高的要求，追求更优品质成为大豆育种的重要目标。当前，关于优质大豆育种方向主要集中于以下15类指标，包括：高蛋白、高可溶性蛋白含量、低聚糖含量、高油酸、脂肪氧化酶缺失、高油、无苦涩味、高亚麻酸、高异黄酮、胰蛋白酶抑制剂缺失、高维生素E、高含硫氨基酸、无30K过敏蛋白、无氧化酶、28K过敏蛋白缺失。

截至2019年12月26日，共检索到优质大豆育种相关论文1303篇。

6.6.1 论文产出分析

本研究的优质大豆包括15类，分别为高蛋白、高可溶性蛋白含量、低聚糖含量、高油酸、脂肪氧化酶缺失、高油、无苦涩味、高亚麻酸、高异黄酮、胰蛋白酶抑制剂缺失、高维生素E、高含硫氨基酸、无30K过敏蛋白、无氧化酶、28K过敏蛋白缺失；涉及5类分子育种技术，分别为分子标记辅助选择、分析方法、转基因技术、载体构建和基因编辑。

图6.42为全球优质大豆育种论文年度发文趋势。该领域发表的第1篇论文为1955年美国农业部农业研究院H M Teeter、L E Gast、E W Bell、W J Schneider和J C Cowan发表在 *Journal of the American Oil Chemists Society* 上的 *Investigations on the Bitter and Beany Components of Soybeans*。从第1篇论文发表到2019年，发文量呈

第 6 章 大豆分子育种热点主题态势分析

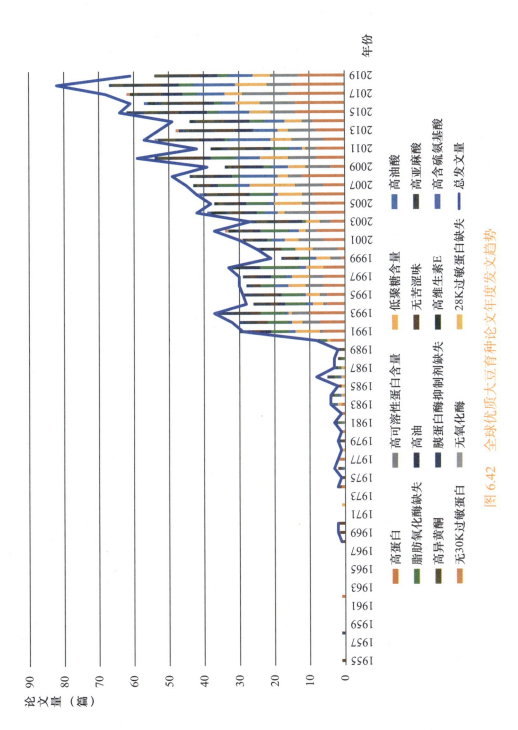

图 6.42 全球优质大豆育种论文年度发文趋势

现初期低水平徘徊，随后在波动中上升的趋势。1991 年之前，全球优质大豆育种论文发文量较少，均为 10 篇以下，其中 1986 年和 1990 年最多，均为 8 篇。1991 年，发文量出现大幅提升，达到 29 篇，之后虽有所波动，但总体呈现上升趋势。2004 年第一次超过 40 篇，2010 年超过 50 篇，2015 年超过 60 篇。优质大豆育种论文发文量最多的年份为 2018 年，发文量为 82 篇。

6.6.2 主要发文国家/地区

表 6.16 为全球优质大豆育种论文 TOP10 发文国家及其发文量。全球优质大豆育种领域的发文作者来自 75 个国家/地区，排在前 10 位的分别是美国、中国、日本、巴西、印度、韩国、加拿大、德国、西班牙、法国和澳大利亚，但主要集中在发文排名前 3 位的国家，其发文量均超过了 100 篇。美国发文量居全球首位，为 435 篇，占全球发文总量的 33.38%；排名第二位的为中国，发文量为 205 篇，占比为 15.73%；排名第三位的为日本，发文量为 105 篇，占比为 8.06%。

表 6.16　全球优质大豆育种论文 TOP10 发文国家及其发文量

全部作者		通讯作者		第一作者	
国家	发文量（篇）	国家	发文量（篇）	国家	发文量（篇）
美国	435	美国	342	美国	329
中国	205	中国	189	中国	185
日本	105	巴西	81	巴西	81
巴西	90	印度	70	日本	75
印度	80	日本	62	印度	72
韩国	71	韩国	59	韩国	55

(续表)

全部作者		通讯作者		第一作者	
国家	发文量（篇）	国家	发文量（篇）	国家	发文量（篇）
加拿大	69	加拿大	50	加拿大	52
德国	43	德国	28	德国	28
西班牙	35	西班牙	23	西班牙	28
法国	25	伊朗	17	伊朗	16
澳大利亚	25	—	—	波兰	16

图 6.43 为全球优质大豆育种论文主要发文国家年度发文趋势。从总体上看，TOP10 国家发文较为集中的第一个时间段是 1990—1999 年，之后出现短暂的低谷，2007—2008 年进入第二个发文集中的阶段。从发文的持续性来看，美国和日本持续年份最长，中国起步较晚，但在 1990 年首次发文后，也基本实现了持续发文。

虽然中国发文时间晚，但增长速度较快，2001 年发文量达到 3 篇，与日本并列排名世界第二位，2013 年发文量达到 15 篇，首次超过美国居世界第一位，并且是除美国外唯一年度发文量超过 10 篇的国家。

图 6.44 为全球优质大豆育种论文 TOP10 发文国家合作关系图。从合作数量来看，各个国家之间的合作密切程度较高。美国与其他 10 个国家均有合作；目前，中国与美国、德国、日本、澳大利亚、韩国、加拿大均有合作发文，与法国、西班牙、印度和巴西还未合作发文。但从各国合作发文量占比来看，合作论文占比不高，美国 435 篇论文中，合作完成的有 83 篇，中国合作完成的有 39 篇，日本合作完成的有 19 篇。

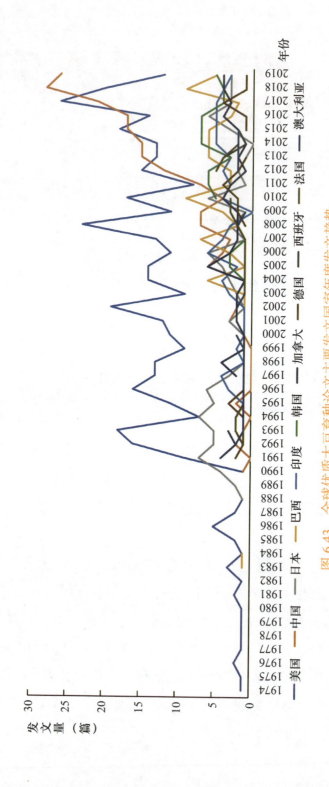

图 6.43 全球优质大豆育种论文主要发文国家年度发文趋势

第 6 章 大豆分子育种热点主题态势分析

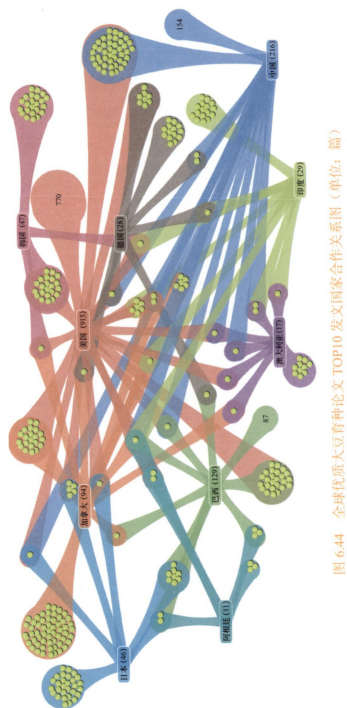

图 6.44 全球优质大豆育种论文 TOP10 发文国家合作关系图(单位:篇)

6.6.3 主要发文机构分析

全球优质大豆育种 TOP10 发文机构及其发文量如表 6.17 所示，可以看出，不论是全部作者、通讯作者还是第一作者，发文量排名前 10 位的机构，美国占有一定优势。美国农业部农业研究院、伊利诺伊大学，艾奥瓦州立大学、密苏里大学，韩国庆北大学，中国东北农业大学、南京农业大学、中国科学院在全部作者、第一作者和通讯作者发文量方面处于领先地位。

表 6.17 全球优质大豆育种 TOP10 发文机构及其发文量

全部作者		通讯作者		第一作者	
机构	发文量（篇）	机构	发文量（篇）	机构	发文量（篇）
美国农业部农业研究院（美国）	79	美国农业部农业研究院（美国）	51	艾奥瓦州立大学（美国）	35
伊利诺伊大学（美国）	46	艾奥瓦州立大学（美国）	32	伊利诺伊大学（美国）	33
密苏里大学（美国）	45	伊利诺伊大学（美国）	25	美国农业部农业研究院（美国）	32
艾奥瓦州立大学（美国）	44	密苏里大学（美国）	24	密苏里大学（美国）	27
庆北国立大学（韩国）	26	维索萨联邦大学（巴西）	19	东北农业大学（中国）	19
普渡大学（美国）	25	东北农业大学（中国）	18	庆北国立大学（韩国）	17
中国科学院（中国）	24	南京农业大学（中国）	16	普渡大学（美国）	17
维索萨联邦大学（巴西）	24	庆北国立大学（韩国）	16	维索萨联邦大学（巴西）	16

(续表)

全部作者		通讯作者		第一作者	
机构	发文量（篇）	机构	发文量（篇）	机构	发文量（篇）
东北农业大学（中国）	22	中国农业科学院（中国）	15	奎尔夫大学（加拿大）	14
肯塔基大学（美国）	21	中国科学院（中国）	14	中国科学院（中国）	13

全球优质大豆育种论文全部作者发文量排名前10位的机构之间保持着比较紧密的合作关系（见图6.45）。美国、韩国和巴西的机构之间均有合作，中国的中国科学院和东北农业大学之间有合作，但是与国外机构没有合作发文。

6.6.4 优质大豆种类及育种技术

有关高蛋白大豆的论文最多，为241篇，占比为20%；排在第二位的是高可溶性蛋白含量大豆论文，为158篇，占比为13%；第三位的是低聚糖含量大豆论文，为154篇，占比为13%。发文量在100篇以上的还有高油酸、脂肪氧化酶缺失大豆论文，分别为134篇和133篇。发文量较少的为高含硫氨基酸、无30K过敏蛋白、无氧化酶、28K过敏蛋白缺失大豆论文，发文量均低于10篇，如图6.46所示。

图6.47为全球各类优质大豆育种年度发文趋势。1991年之前，有关高蛋白、高可溶性蛋白含量、低聚糖含量、高油酸、脂肪氧化酶缺失、高油、无苦涩味、高亚麻酸、胰蛋白酶抑制剂缺失方面的研究，较为分散地分布在各年。1991年后，上述方面的发文量开始增加，且保持相对稳定。有关高异黄酮、高维生素E、高含硫氨基酸、无30K过敏蛋白、无氧化酶、28K过敏蛋白缺失方面的论文在

全球大豆分子育种技术发展态势研究

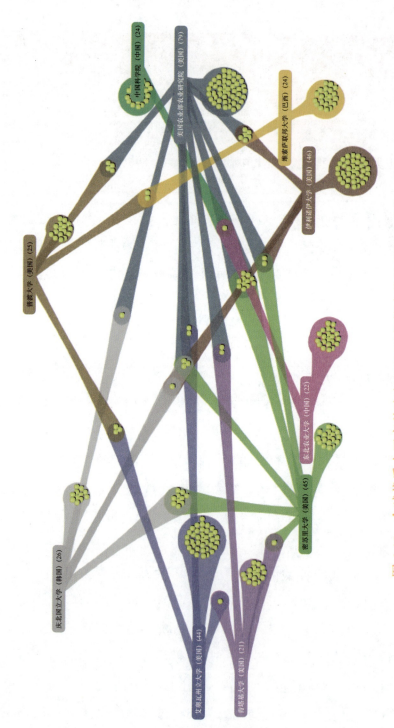

图 6.45 全球优质大豆育种论文 TOP10 机构合作关系图（单位：篇）

第 6 章 大豆分子育种热点主题态势分析

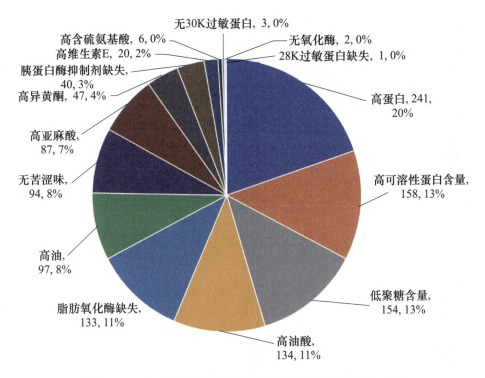

图 6.46 全球优质大豆育种论文分类情况（单位：篇）

1998 年前均为空白。1998 年，从高维生素 E 和高含硫氨基酸，陆续有相关论文发表，但从总体上看，发文量仍较少，如 28K 过敏蛋白缺失论文仅 1 篇。

图 6.48 展示了 TOP10 发文国家对各类优质大豆育种的发文量分布。从图 6.48 中可以看出，各个国家发文的关注重点略有不同。美国发文量最多的为高蛋白大豆（94 篇），其次为高油酸大豆（82 篇），排在第三位的为脂肪氧化酶缺失（60 篇）。中国发文量最多的是高可溶性蛋白含量大豆（49 篇），其次为高蛋白大豆（34 篇），排在第三位的是低聚糖大豆（27 篇）。总发文量全球排名第三位的日本，无苦涩味大豆发文量最多（28 篇），其次为脂肪氧化酶缺失大豆（24 篇）。各国在 28K 过敏蛋白缺失、无 30K 过敏蛋白、无氧

图 6.47 全球各类优质大豆育种年度发文趋势（单位：篇）

发表年份/疾病种类	1955	1958	1962	1968	1969	1970	1972	1974	1975	1976	1977	1978	1979	1980	1981	1982	1983	1984	1985	1986	1987	1988	1989	1990	1991	1992	1993
高蛋白			1																					4	6	7	10
高可溶性蛋白含量																									1	5	5
低聚糖含量																			1	1	1				7	3	1
高油酸												1						1		1	1				2	1	
脂肪氧化酶缺失		1													1				1		1	1	1	2	5	6	7
高油				1																				2	3	3	7
无腥风味						2							1												2	3	
高亚麻酸				1		2			1						1					1			1			3	3
高异黄酮																									4		5
脲蛋白酶抑制剂缺失																								4	4		
高含硫氨基酸																										2	4
无30K过敏蛋白																											
无氧化酶																											
28K过敏蛋白缺失																											

发表年份/疾病种类	1994	1995	1996	1997	1998	1999	2000	2001	2002	2003	2004	2005	2006	2007	2008	2009	2010	2011	2012	2013	2014	2015	2016	2017	2018	2019
高蛋白	5	5	6	6	6	1	2	2	8	4	8	8	9	6	12	4	8	8	9	8	9	14	14	16	15	13
高可溶性蛋白含量	1	2	5	4	0	3	7	7	3	3	9	4	3	8	4	7	7	3	6	8	3	7	10	13	7	8
低聚糖含量	3	4	5	5	5	4	5	4	4	4	2	8	7	13	3	5	8	1	3	3	5	6	7	9	9	5
高油酸	2	1	4	2	2	2	0	3	3	0	4	2	2	4	11	5	5	4	12	7	6	4	4	8	12	7
脂肪氧化酶缺失	6	6	4	4	11	3	4	8	2	1	2	6	6	5	2	2	7	5	1	0	4	3	2	4	4	3
高油	3	3	2	4	4	2	3	2	2	4	6	6	1	5	5	6	2	2	9	7	7	8	3	6	5	5
无腥风味	2	2	4	2	0	3	3	2	2	2	2	3	1	1	4	3	1	2	2	6	8	3	6	2	5	3
高亚麻酸	5	3	2	2	2	3	4	2	2	3	3	2	2	3	1	5	3	5	4	4	5	3	6	4	6	6
高异黄酮			1	1	1		1	1	2	2	4	2	1	3	4	1	1	2	4	1	1	4	2	5	3	3
脲蛋白酶抑制剂缺失		3		1	2	2	1	1	1	2	2	1		1	1	2	2	3	2	1	5	4	2	4	1	4
高含硫氨基酸													1										2	5	1	
无30K过敏蛋白											1									1	1		1	1		
无氧化酶																										
28K过敏蛋白缺失								1																		

第 6 章 大豆分子育种热点主题态势分析

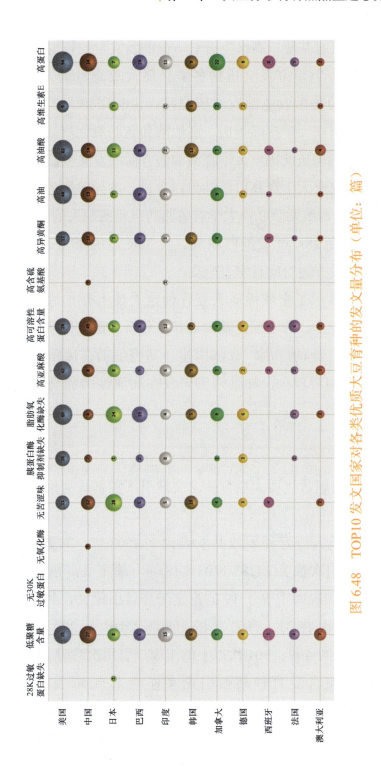

图 6.48 TOP10 发文国家对各类优质大豆育种的发文量分布（单位：篇）

化酶、高含硫氨基酸、高维生素 E 方面的发文量均较少。

图 6.49 为 TOP10 发文机构各类优质大豆育种的发文量分布。排名前 4 位的美国农业部农业研究院、伊利诺伊大学、密苏里大学、艾奥瓦州立大学在高蛋白、高油酸和脂肪氧化酶缺失方面的发文量较多；韩国庆北国立大学在高油酸方面的发文量最多；中国科学院和东北农业大学在高可溶性蛋白含量、高异黄酮大豆方面的发文量最多；巴西维索萨联邦大学有关脂肪氧化酶缺失的发文量最多。TOP10 机构在 28K 过敏蛋白缺失、无 30K 过敏蛋白、无氧化酶、高含硫氨基酸方面均没有发表论文。

图 6.50 显示了全球优质大豆育种论文技术分布情况。可以看出，转基因技术、分子标记辅助选择、分析方法在优质大豆育种领域得到较为广泛的应用，载体构建和基因编辑在优质大豆育种领域的应用则相对较少，如基因编辑仅在高亚油酸和高油酸领域中应用。

6.6.5 高被引论文

本研究将超过优质大豆育种论文被引次数基线的论文定义为高被引论文。

全球优质大豆育种领域共发表论文 1303 篇，共被引用 24285 次，平均被引次数为 24285/1303 ≈ 18.64，故定义高被引论文基线为 19，被引频次大于等于 19 的论文为高被引论文，共 396 篇。其中，被引频次在 23～100 次的 298 篇；101～200 次的 24 篇；201～300 次的 4 篇；301 次以上的 1 篇，引用次数为 381 次。

全球优质大豆育种高被引论文作者来自 46 个国家/地区。表 6.18 为全球优质大豆育种高被引论文 TOP10 发文国家及其发文量。可以看出，不论是全部作者、通讯作者还是第一作者高被引论

第6章 大豆分子育种热点主题态势分析

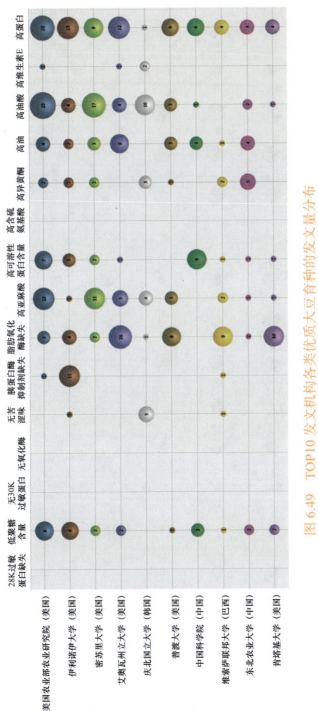

图 6.49 TOP10 发文机构各类优质大豆育种的发文量分布

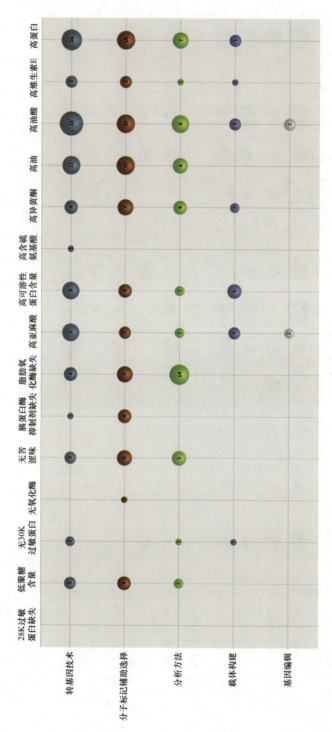

图 6.50 全球优质大豆育种论文技术分布情况

文，美国的发文量均居首位，分别为 184 篇、146 篇和 151 篇，实现了论文数量的质量双冠。中国全部作者、通讯作者和第一作者的高被引论文发文量虽与美国存在较大差距，但数量仍居全球第二位，分别为 32 篇、24 篇和 26 篇。

表 6.18　全球优质大豆育种高被引论文 TOP10 发文国家及其发文量

全部作者		通讯作者		第一作者	
国家	发文量（篇）	国家	发文量（篇）	国家	发文量（篇）
美国	184	美国	146	美国	151
日本	32	中国	24	中国	26
中国	30	日本	24	日本	20
加拿大	24	加拿大	18	加拿大	16
西班牙	19	西班牙	16	西班牙	14
德国	18	印度	14	印度	13
法国	17	巴西	10	德国	13
印度	15	德国	10	巴西	10
巴西	14	法国	9	法国	9
阿根廷	13	韩国	8	阿根廷	9

表 6.19 为全球优质大豆育种高被引论文 TOP10 发文机构及其发文量，美国机构数量最多，全部作者、通讯作者、第一作者分别为 7 家、6 家和 7 家；德国马克斯 - 普朗克研究所、西班牙国家研究委员会、加拿大农业与农业食品部也进入前 10 位。日本岩手大学、佐贺大学、北海道大学分别进入全部作者、通讯作者和第一作者前 10 位。中国没有机构进入前 10 位。

表 6.19 全球优质大豆育种高被引论文 TOP10 发文机构及其发文量

全部作者		通讯作者		第一作者	
机构	发文量（篇）	机构	发文量（篇）	机构	发文量（篇）
美国农业部农业研究院（美国）	33	美国农业部农业研究院（美国）	26	伊利诺伊大学（美国）	18
伊利诺伊大学（美国）	23	马克斯-普朗克研究所（德国）	14	密苏里大学（美国）	16
马克斯-普朗克研究所（德国）	21	伊利诺伊大学（美国）	12	美国农业部农业研究院（美国）	16
艾奥瓦州立大学（美国）	18	艾奥瓦州立大学（美国）	11	艾奥瓦州立大学（美国）	13
普渡大学（美国）	11	国家研究委员会（西班牙）	6	普渡大学（美国）	9
杜邦公司（美国）	11	普渡大学（美国）	6	北海道大学（日本）	5
孟山都公司（美国）	7	佐贺大学（日本）	5	加拿大农业与农业食品部（加拿大）	5
加拿大农业与农业食品部（加拿大）	7	加拿大农业与农业食品部（加拿大）	5	国家研究委员会（西班牙）	5
北卡罗来纳州立大学（美国）	7	孟山都公司（美国）	5	孟山都公司（美国）	5
国家研究委员会（西班牙）	7	杜邦公司（美国）	5	杜邦公司（美国）	5
奎尔夫大学（加拿大）	7	—	—	—	—
岩手大学（日本）	7	—	—	—	—

6.6.6 研究热点分析

本研究基于全球大豆抗病育种领域 2010—2019 年发表的 596 篇论文的全部关键词（作者关键词与 web of science keywords plus），利用 VOSviewer 软件对该领域的主题聚类和热点进行挖掘，生成聚类图和热点图。

全球优质大豆育种领域关键词聚类图如图 6.51 所示，每个颜色代表一个聚类，可见全球优质大豆育种领域共有 7 个聚类：红色聚类由 absorption、acid、amino-acid、angustifolius 等 52 个关键词组成；绿色聚类由 accumulation、antioxidant enzymes、arabidopsis-thaliana、barley、biosynthesis、calcium 等 40 个关键词组成；蓝色聚类由 agronomic performarmance、alleles、arabidopsis、cholesterol、desaturase、desaturase genes、dna 等 37 个关键词组成；黄绿色聚类由 alpha-linolenic acid、beta-conglycinin、biodiesel、bitterness、linoleic acid 等 29 个关键词组成；紫色聚类由 agronomic traits、association、complex traits、genetic diversity、glycine-soja sieb 等 20 个关键词组成；浅蓝色聚类由 alpha-tocopherol、anti-oxidant capacity、fatty-acid-composition-gene expression 等 19 个关键词组成；橙色聚类由 components、inheritance、isozymes、lipoxygenase 等 14 个关键词组成。

全球优质大豆育种领域研究热点图如图 6.52 所示，热点图中红色、橙色的位置代表该领域的研究热点。可以看出，protein、quality、fatty-acids、yield、amino-acids、oil、phytic acid、oligosaccharides 等为该领域的研究热点。

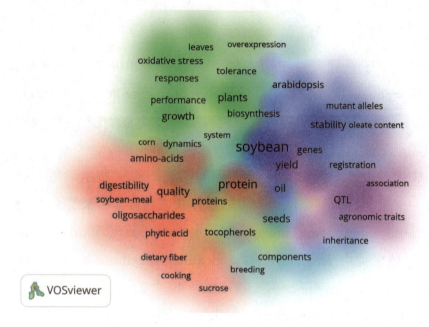

图 6.51 全球优质大豆育种领域关键词聚类图

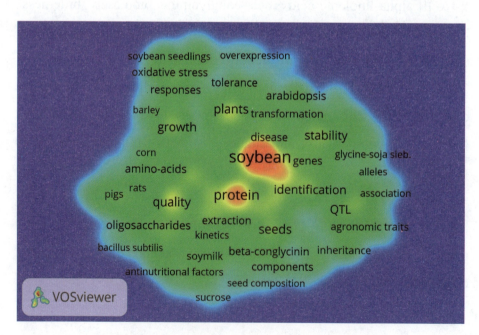

图 6.52 全球优质大豆育种领域研究热点图

参 考 文 献

[1] 查霆，钟宣伯，周启政，等．我国大豆产业发展现状及振兴策略 [J]．大豆科学，2018，37(3)：458-463.

[2] FAO.FAOSTAT Crops [DB/OL]. (2019-11-01) [2019-11-10]. http://www.fao.org/faostat/en/#data/QC.

[3] 中国广播网．农业部大豆科技提升行动 [EB/OL].(2006-05-26) [2019-11-20]. http://www.cnr.cn/zgnc/zf/t20051013_504115194.html.

[4] 国家发展和改革委员会．促进大豆加工业健康发展的指导意见 [EB/OL]. (2008-09-29) [2019-11-20]. http://www.mofcom.gov.cn/aarticle/bh/200809/20080905789913.html.

[5] 农业农村部．农业部关于促进大豆生产发展的指导意见 [EB/OL]. (2016-04-05) [2019-11-20]. http://www.moa.gov.cn/gk/ghjh_1/201604/t20160412_5091357.htm.

[6] 农业农村部．2019 年中央一号文件 二、夯实农业基础，保障重要农产品有效供给 [EB/OL]. (2019-02-20) [2019-11-20]. http://www.zzj.moa.gov.cn/zcwj/zywj/201906/t20190627_6319487.htm.

[7] 农业农村部．农业农村部办公厅关于印发《2019 年种植业工作要点》[EB/OL]. (2019-03-15) [2019-11-20]. http://www.moa.gov.cn/ztzl/2019gzzd/sjgzyd/201903/t20190315_6176675.htm.

[8] 李江涛，于会勇，杨彩云，等．浅析大豆育种技术 [J]．农业科技通讯，2015(9)：224-225.

[9] 吕慧颖，王道文，葛毅强，等．大豆育种行业创新动态 [J]．植物遗传资源学报，2018，19(3)：464-467.

[10] 邱丽娟，王昌陵，周国安，等．大豆分子育种研究进展 [J]．中国农业科学，

2007，40(11)：2418-2436.

[11] Cai Y，Chen L，Liu X，et al. CRISPR/Cas9-Mediated Genome Editing in Soybean Hairy Roots [J]. PLoS One，2015，10(8)：e0136064.

[12] 王超凡，张大健. 基因编辑技术在大豆种质资源研究中的利用 [J]. 植物遗传资源学报，2020，21(1)：26-32.

[13] 柏梦焱，袁珏慧，孙嘉丰，等. 基于CRISPR-Cas9基因编辑技术创制大豆gmnark超结瘤突变体 [J]. 大豆科学，2019，38(4)：525-532.

[14] Han J N，Guo B F，Guo Y，et al. Creation of Early Flowering Germplasm of Soybean by CRISPR/Cas9 Technology [J]. Frontiers in Plant Science，2019，10：e1446.

[15] 毕影东，李炜，肖佳雷，等. 大豆分子的育种现状、挑战与展望 [J]. 中国农学通报，2014，30(6)：33-39.

[16] Keim P，Diers B W，Olson T C，et al. RFLP mapping in soybean：association between marker loci and variation in quantitative traits [J]. Genetics，1990，126(3)：735-742.

[17] Hyten D L，Choi I Y，Song Q，et al. A High Density Integrated Genetic Linkage Map of Soybean and the Development of a 1536 Universal Soy Linkage Panel for Quantitative Trait Locus Mapping [J]. Crop science，2010，50(3)：960-968.

[18] Song Q J，Hyten D L，Jia G F，et al. Development and Evaluation of SoySNP50K，a High-Density Genotyping Array for Soybean [J]. PLoS One，2013，8(1)：12.

[19] 王艳，韩英鹏，李文滨. 大豆分子标记研究新进展 [J]. 大豆科学，2015，34(1)：148-154，162.

[20] Palomeque L，Liu L J，Li W，et al. QTL in mega-environments：I. Universal and specific seed yield QTL detected in a population derived from a cross of high-yielding adapted x high-yielding exotic soybean lines [J]. Theoretical and Applied Genetics，2009，119(3)：417-427.

[21] Kim K S, Diers B W, Hyten D L, et al. Identification of positive yield QTL alleles from exotic soybean germplasm in two backcross populations [J]. Theoretical and Applied Genetics, 2012, 125(6): 1353-1369.

[22] Gutierrez-Gonzalez J J, Wu X L, Zhang J, et al. Genetic control of soybean seed isoflavone content: importance of statistical model and epistasis in complex traits [J]. TAG Theoretical and Applied Genetics, 2009, 119(6): 1069-1083.

[23] Caldwell B E, Brim C A, Ross J P. Inheritance of resistance of soybeans to the cyst nematode, Heterodera glycines [J]. Agronomy Journal, 1960, 52(11): 635-636.

[24] Matson A L, Williams L F. Evidence of a fourth gene for resistance to the soybean cyst nematode [J]. Crop science, 1965, 5(5): 477-479.

[25] Rao-Arelli A P. Inheritance of resistance to Heterodera glycines race 3 in soybean accessions [J]. Plant Disease, 1994, 78(9): 898-900.

[26] Meksem K, Pantazopoulos P, Njiti V N, et al. "Forrest" resistance to the soybean cyst nematode is bigenic: saturation mapping of the Rhg1 and Rhg4 loci [J]. Theoretical and Applied Genetics, 2001, 103(5): 710-717.

[27] Cregan P B, Mudge J, Fickus E W, et al. Two simple sequence repeat markers to select for soybean cyst nematode resistance coditioned by the rhg1 locus [J]. Theoretical and Applied Genetics, 1999, 99(5): 811-818.

[28] Yan G, Baidoo R. Current Research Status of Heterodera glycines Resistance and Its Implication on Soybean Breeding [J]. Engineering, 2018, 4(4): 534-541.

[29] Seo J S, Sohn H B, Noh K, et al. Expression of the Arabidopsis AtMYB44 gene confers drought/salt-stress tolerance in transgenic soybean [J]. Molecular Breeding, 2012, 29(3): 601-608.

[30] Specht J E, CHASE K, Macrander M, et al. Soybean response to water: A QTL analysis of drought tolerance [J]. Crop science, 2001, 41(2): 493-509.

[31] Tran L S P, Quach T N, Guttikonda S K, et al. Molecular characterization of stress-inducible GmNAC genes in soybean [J]. Molecular Genetics and

Genomics, 2009, 281(6): 647-664.

[32] Kidokoro S, Watanabe K, Ohori T, et al. Soybean DREB1/CBF-type transcription factors function in heat and drought as well as cold stress-responsive gene expression [J]. Plant Journal, 2015, 81(3): 505-518.

[33] Vuong T D, Sonah H, Meinhardt C G, et al. Genetic architecture of cyst nematode resistance revealed by genome-wide association study in soybean [J]. Bmc Genomics, 2015, 16: 593.

[34] Hwang E Y, Song Q J, Jia G F, et al. A genome-wide association study of seed protein and oil content in soybean [J]. Bmc Genomics, 2014, 15: 1.

[35] 国际农业生物技术应用服务组织. 2018年全球生物技术/转基因作物商业化发展态势 [J]. 中国生物工程杂志, 2019, 39(8): 1-6.

[36] 谭巍巍, 王永斌, 赵远玲, 等. 全球转基因大豆发展概况 [J]. 大豆科技, 2019(4): 34-38.

[37] Rao S S, Hildebrand D. Changes in Oil Content of Transgenic Soybeans Expressing the Yeast SLC1 Gene [J]. Lipids, 2009, 44(10): 945-951.

[38] Furutani N, Hidaka S, Kosaka Y, et al. Coat protein gene-mediated resistance to soybean mosaic virus in transgenic soybean [J]. Breeding Science, 2006, 56(2): 119-124.

[39] Peleman J D, Van Der Voort J R. Breeding by design [J]. Trends in Plant Science, 2003, 8(7): 330-334.

[40] Jeffrey D Boehm Jr, Vi Nguyen, Rebecca M Tashiro, et al. Genetic mapping and validation of the loci controlling 7S alpha' and 11S A-type storage protein subunits in soybean Glycine max (L.) Merr [J]. Theoretical and Applied Genetics, 2018, 131(3): 659-671.

[41] 张德水, 董伟, 惠东威, 等. 用栽培大豆与半野生大豆间的杂种F2群体构建基因组分子标记连锁框架图 [J]. 科学通报, 1997(12): 1326-1330.

[42] 周斌, 邢邯, 陈受宜, 等. 大豆重组自交系群体NJRIKY遗传图谱的加密及其应用效果 [J]. 作物学报, 2010, 36(1): 36-46.

参考文献

[43] Liu D-L，Chen S-W，Liu X-C，et al. Genetic map construction and QTL analysis of leaf-related traits in soybean under monoculture and relay intercropping [J]. Scientific Reports，2019：2716.

[44] Liang H-Z，Yu Y-L，Wang S-F，et al. QTL Mapping of Isoflavone，Oil and Protein Contents in Soybean (Glycine max L. Merr.) [J]. Agricultural Sciences in China，2010，9(8)：1108-1116.

[45] Karikari B，Li S，Bhat J A，et al. Genome-Wide Detection of Major and Epistatic Effect QTLs for Seed Protein and Oil Content in Soybean Under Multiple Environments Using High-Density Bin Map [J]. International Journal of Molecular Sciences，2019，20(4)：979.

[46] 段红梅，王文秀，常汝镇，等. 大豆SSR标记辅助遗传背景选择的效果分析[J]. 植物遗传资源学报，2003(1)：36-42.

[47] Zeng G，Li D，Han Y，et al. Identification of QTL underlying isoflavone contents in soybean seeds among multiple environments [J]. Theoretical and Applied Genetics，2009，118(8)：1455-1463.

[48] 冯献忠，刘宝辉，杨素欣. 大豆分子设计育种研究进展与展望[J]. 土壤与作物，2014，3(4)：123-131.

[49] 田志喜，刘宝辉，杨艳萍，等. 我国大豆分子设计育种成果与展望[J]. 中国科学院院刊，2018，33(9)：915-922.

[50] 吴为民. 我国科研项目重复申报问题的成因与对策研究[J]. 农业网络信息，2016(3)：40-43.

[51] 王友华，蔡晶晶，杨明，等. 全球转基因大豆专利信息分析与技术展望[J]. 中国生物工程杂志，2018，38(2)：116-125.

[52] Qiu L-J，Guo Y，Li Y，et al. Novel Gene Discovery of Crops in China：Status，Challenging，and Perspective [J]. Acta Agronomica Sinica，2011，37(1)：1-17.

[53] 金龙国，郭勇，张万海，等. 大豆转基因育种及产业化发展[J]. 生物产业技术，2011(5)：32-39.

[54] Sander J D，Dahlborg E J，Goodwin M J，et al. Selection-free zinc-finger-

nuclease engineering by context-dependent assembly (CoDA) [J]. Nature Methods, 2011, 8(1): 67-69.

[55] Curtin S J, Zhang F, Sander J D, et al. Targeted Mutagenesis of Duplicated Genes in Soybean with Zinc-Finger Nucleases [J]. Plant Physiology, 2011, 156(2): 466-473.

[56] Haun W, Coffman A, Clasen B M, et al. Improved soybean oil quality by targeted mutagenesis of the fatty acid desaturase 2 gene family [J]. Plant Biotechnology Journal, 2014, 12(7): 934-940.

[57] Li Z S, Liu Z B, Xing A Q, et al. Cas9-Guide RNA Directed Genome Editing in Soybean [J]. Plant Physiology, 2015, 169(2): 960-970.

[58] Jacobs T B, Lafayette P R, Schmitz R J, et al. Targeted genome modifications in soybean with CRISPR/Cas9 [J]. Bmc Biotechnology, 2015, 15: 16.

[59] Fang Y F, Tyler B M. Efficient disruption and replacement of an effector gene in the oomycete Phytophthora sojae using CRISPR/Cas9 [J]. Molecular Plant Pathology, 2016, 17(1): 127-139.

[60] Jiang W Z, Henry I M, Lynagh P G, et al. Significant enhancement of fatty acid composition in seeds of the allohexaploid, Camelina sativa, using CRISPR/Cas9 gene editing [J]. Plant Biotechnology Journal, 2017, 15(5): 648-657.

[61] 李宏, 韦晓兰. 表型组学: 解析基因型－表型关系的科学 [J]. 生物技术通报, 2013(7): 41-47.